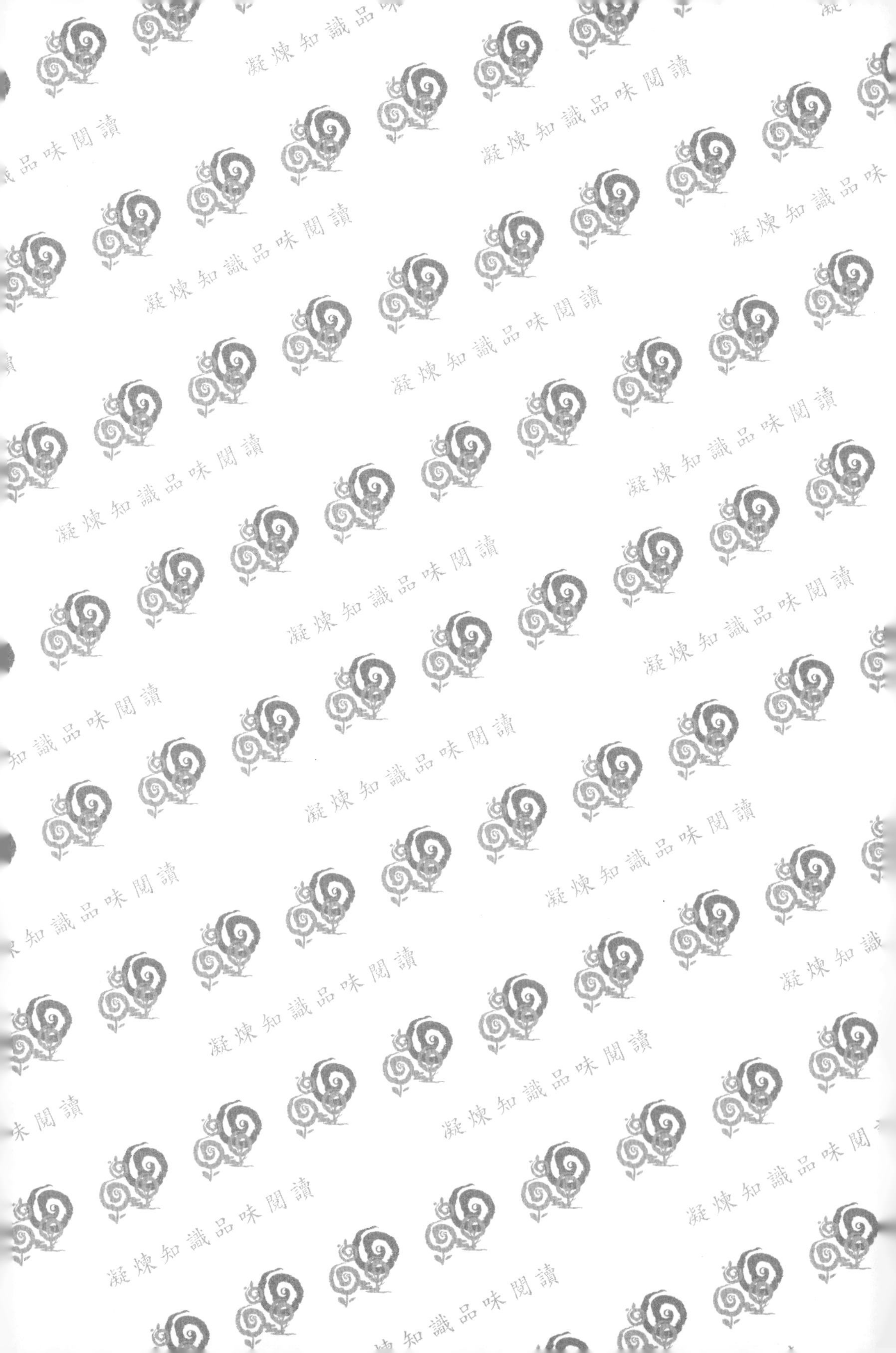

General Project Management Body of Knowledge

專案管理

全新第3版

一般專案管理知識體系

魏秋建 教授 著

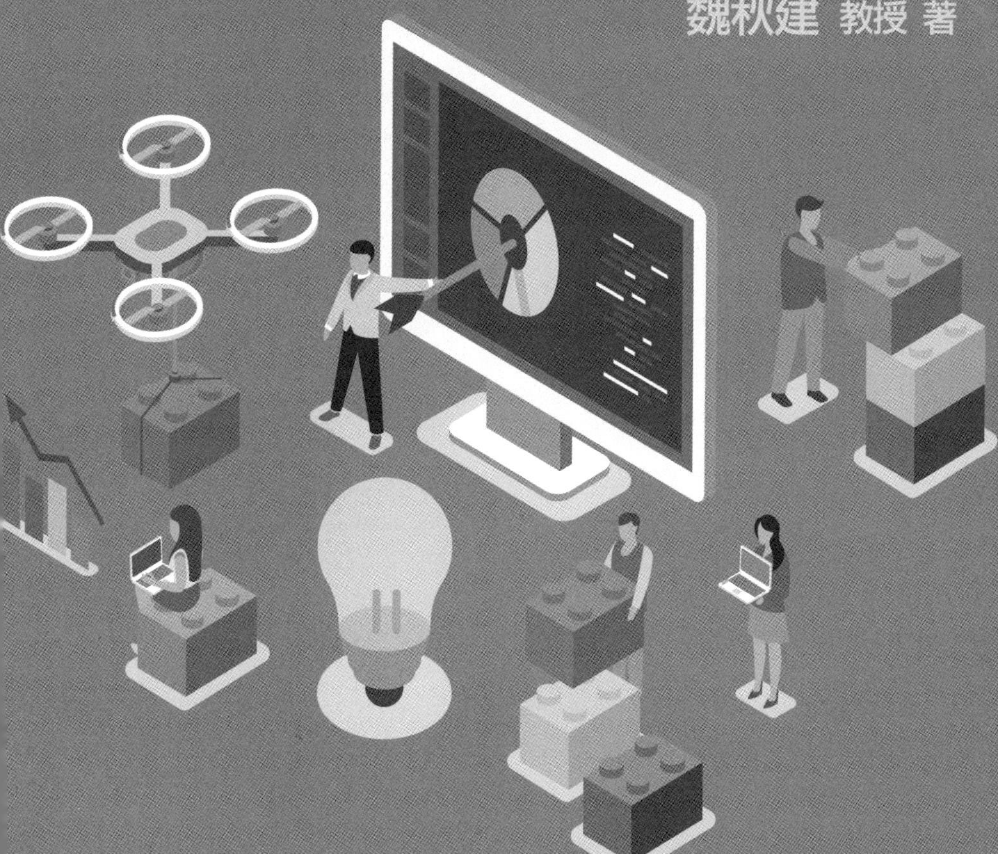

五南圖書出版公司 印行

作者序

爲了讓產業界人士更容易應用專案管理，本次改版做了大幅度的簡化和修正，目的是要把專案管理的內涵表達得更清楚。除了保留原來的四階架構之外，第三版在專案管理知識體系部分，把專案的概念做了更明白的交代，也增加了專案策略，這是到目前爲止，全球的專案管理界還沒有說清楚的地方。專案環境的精髓也做了修正，並且更具體地說明了專案管理能力。專案管理組織架構也用不同的方式表達，以和大型專案管理知識體系相互輝映。也更爲精練的說明了專案管理的角色責任。在專案管理知識體系領域部分，將專案管理的流程以全程貫穿的方式，帶領讀者鳥瞰專案管理的世界。流程中增加了專案前的商業分析流程，這也是目前全球專案管理知識體系的首創，可以讓讀者一窺專案管理的全貌。簡化的部分包括移除型態管理規劃、系統規劃、生產規劃和小量生產等，因爲這些會涵蓋在研發專案管理知識體系當中。訓練規劃和人員訓練則直接納入團隊建立中說明。做這樣的整合和簡化可以讓整本知識體系更爲流暢、易懂，也更容易吸收專案管理的精華。在每個步驟的方法部分，也盡量納入眞正必要的部分，移除非必要的部分，例如：專家諮詢，它是產業人士在遇到問題時的必然作法，不必說也知道，所以此次改版將其移除。

本書主要針對一般性的專案管理而編撰的，特殊領域的專案管理，請參考《研發專案管理知識體系》、《行銷專案管理知識體系》、《營建專案管理知識體系》、《活動專案管理知識體系》、

《經營專案管理知識體系》、《複雜專案管理知識體系》、《大型專案管理知識體系》。此外，本書是美國專案管理學會 (APMA, American Project Management Association) 的一般專案經理 (Certified General Project Manager) 證照認證用知識體系。

本書之撰寫，作者已力求嚴謹，專家學者如果發現有任何需要精進之處，敬請不吝指教。

魏秋建
2018/08/15
a0824809@gmail.com

Part 1

專案管理知識體系

Chapter 1 專案概念 3

1.1 專案策略 5
1.2 專案環境 7

Chapter 2 專案管理能力 9

Chapter 3 專案管理組織 13

Chapter 4 專案角色責任 17

4.1 專案推動委員會責任 19
4.2 專案發起人責任 20
4.3 專案經理責任 21
4.4 專案團隊責任 22
4.5 專案客戶責任 23

Chapter 5 專案管理架構 25

Chapter 6 專案管理流程 29

Chapter 7 專案管理步驟 31

Chapter 8 專案管理方法 33

Contents

Chapter 9 專案管理層級模式 35

專案管理知識領域

Chapter 10 發起專案前 41

10.1 發現問題 42
10.2 尋找機會 45
10.3 建立提案 50
10.4 分析效益 52
10.5 管理組合 54

Chapter 11 發起專案 59

11.1 發起專案 60

Chapter 12 規劃專案 65

12.1 目標規劃 66
12.2 範圍規劃 69
12.3 工作分解結構規劃 71
12.4 組織分解結構規劃 73
12.5 進度規劃 75

12.6 活動定義 77
12.7 活動排序 78
12.8 工時估計 81
12.9 進度制定 84
12.10 成本規劃 89
12.11 成本估計 91
12.12 預算編列 93
12.13 品質規劃 96
12.14 風險規劃 99
12.15 風險辨識 100
12.16 定性分析 102
12.17 定量分析 105
12.18 風險因應 107
12.19 採購規劃 109
12.20 招標規劃 112
12.21 人力資源規劃 114
12.22 關係人管理規劃 116
12.23 溝通規劃 119
12.24 安全規劃 121

Chapter 13 執行專案 125

13.1 績效監督 126
13.2 品質保證 130
13.3 風險監督 132
13.4 招標 134
13.5 廠商選擇 136
13.6 人員招募 138

Contents

13.7 團隊建立 139
13.8 團隊管理 142
13.9 關係人管理 145
13.10 資訊傳遞 147
13.11 安全維護 149

Chapter 14 控制專案 151

14.1 進度控制 152
14.2 成本控制 155
14.3 品質控制 157
14.4 範圍驗證 163
14.5 範圍控制 164
14.6 風險控制 166
14.7 合約管理 168
14.8 關係人控制 169

Chapter 15 結束專案 171

15.1 合約結束 172
15.2 行政結束 174

Chapter 16 專案管理成熟度 (PM maturity) 179

專案管理專有名詞 183

參考文獻 201

Part 1

專案管理知識體系

- Chapter 1 專案概念
- Chapter 2 專案管理能力
- Chapter 3 專案管理組織
- Chapter 4 專案角色責任
- Chapter 5 專案管理架構
- Chapter 6 專案管理流程
- Chapter 7 專案管理步驟
- Chapter 8 專案管理方法
- Chapter 9 專案管理層級模式

Chapter 1

專案概念(Project concept)

專案 (project) 是指非例行性 (non-routine) 的組織任務，也就是組織常態規劃事務以外的任務，常態性的任務稱爲例行性 (routine)，例行性任務的目的是要維持組織的正常運作，例如：企業的生產、大學的招生或政府的行政等等。非例行性任務則是在這些例行性以外新增加的任務，目的是要創造組織未來的競爭優勢，非例行性任務存在的原因不外乎兩大類：(1) 解決例行性任務產生的問題，這是解決問題型的非例行性活動，例如：改善企業生產線的不良率、改善學校的招生報到率、改善政府的行政效率等等；(2) 例行性任務沒有問題，但是爲了贏得競爭，想要進一步提升組織例行性任務的績效，或是執行例行性任務以外的新任務，這些是創造機會型的非例行性活動，例如：企業研發新的產品和服務、大學提高在全世界的排名、政府進行產業的升級等等。例行性任務的管理也被稱爲「日常管理」，大多數已經標準化，各種 ISO 的標章就是例行性活動的認證。但是例行性任務的標準制度和流程，過了一段時間之後，可能會因爲種種原因而發生問題，例如：人員訓練不足、流程設計錯誤、客戶要求提高等等，這個時候就可以採用專案管理的方法，有效的整合相關的資源，迅速解決。另一方面，非例行性的任務因爲沒有標準的作業程序可以遵循，毫無章法地執行更容易出現問題，專案管理提供了系統性的思維架構，可以提高非例行性任務達成目標的機率。總而言之，不管是例行性還是非例行性任務，都可以應用專案管理的手法，有效達成任務的時間、成本、品質和範圍的目標。值得一提的是，專案多半發生在事業層級 (business) 和功能層級 (function)，在企業層級 (corporate) 的則是大型專案 (program)，大型專案的管理請參閱大型專案管理知識體系。圖 1.1 是專案的概念說明[1]，由圖中可以發現，專案是把組織從目前狀態，帶往未來狀態的一個方法，圖中橫坐標代表專案總期程，縱座標代表專案困難度。從目前狀態轉變的未來目標狀態的曲線，就是專案管理的過程，但是爲什麼不是直線？因爲專案是未來性的任務，總有一些不確定性，因此一開始規劃出來的計畫書，在執行過程難免需要變更，每一次的變更就是一個曲線的轉折。

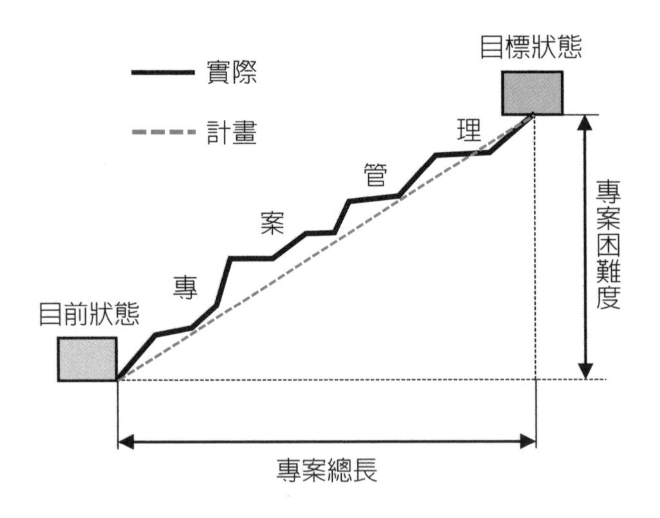

圖 1.1　專案概念說明

1.1 專案策略 (Project strategy)

除了複雜專案之外，一般的專案通常都目標明確，目標明確的好處是團隊可以制定達成目標的專案策略。不管是承接企業策略的專案，或是獨立存在的專案，都必須制定如何有效達成專案目標的策略，但是專案被容許的自主程度，會影響專案策略的制定彈性。專案策略是指專案在所處的環境中，達成專案目標的方向性思維架構。因爲專案的環境是變動的，因此專案策略也必須做動態性的調整。所謂方向性的思維架構是指：計畫、方法、技術、工具、管理機制、關係人應對等，會影響專案行進方向的所有因素的綜合效益，如圖 1.2 所示，因素的不同程度組合，就會形成不同的專案策略。

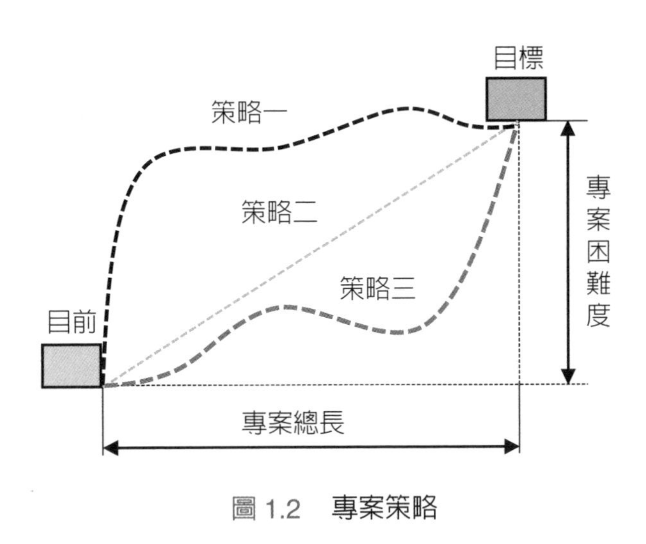

圖 1.2　專案策略

假設以專案的自主程度和主要關係人的數量爲兩軸，可以畫出如圖 1.3 之四個象限的專案策略矩陣。

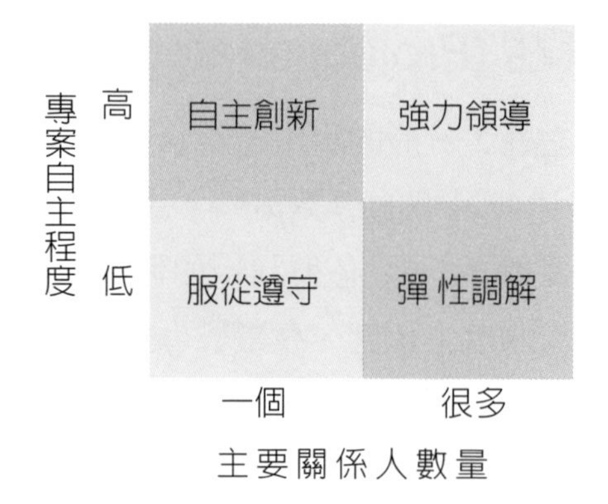

圖 1.3　專案策略矩陣

圖中左上角是關係人一個，而且團隊自主性很高，適合的專案策略是自主創新，也就是鼓勵成員自主思考，爲專案價值的獨立創新而努力。自主創新的專案策略的成功與否，是衡量產出的影響性和新穎性。圖中左下角是關係人一個，但團隊自主性低，適合的專案策略是服從遵守，也就是專案的存在是爲了達成企業目標，服從遵守的專案策略的成功與否，是衡量專案產出可以支持企業策略的程度。圖中右下角是關係很多，而且團隊自主性低，適合的專案策略是彈性調解，也就是以關係人的目標作爲專案的目標，彈性調解的專案策略成功與否，是衡量所有關係人目標的綜效。圖中右上角是關係很多，而且團隊自主性很高，適合的專案策略是強力領導，也就是創造一個讓專案一定要成功的文化和認知，影響所有關係人去支持專案的目標，讓每個關係人配合專案，強力領導的專案策略成功與否，是衡量專案產出對環境和社會的影響。

1.2 專案環境 (Project context)

專案環境是指專案運作的環境 (environment)，它是由很多影響因素組合而成的一個環境，所有這些影響因素可以歸納爲內在因素 (internal) 和外在因素 (external)。內在因素是指企業的專案文化、資訊系統、人員素質、制度流程、內部關係人等等，統稱爲企業專案成員的專案管理能力 (project capability) 和企業組織的專案管理成熟度 (project maturity)。外在因素則是指企業以外的影響因素，包括政治環境、經濟環境、社會環境、技術環境、法律環境、自然環境等等的大的外在環境，合起來稱爲 PESTEL，以及小的外在環境，包括客戶、包商、供應商，外部關係人等等。專案是由企業內部的人員負責規劃、執行、監督和控制，因此專案的績效必然受限於專案成員的專案管理能力。另一方面，企業有沒有建立標準的專案制度和使用完善的資訊系統也是專案能否成功的重要關鍵。其次，專案的客戶和關係人能否一次就說明清楚需求、包商和供應商能否依合約準時交貨，這些都會影響專案的順暢進行。最後，專案所在地區的國家選舉、政策、企業稅等是否影響專案；經濟環境包括景氣狀況、利率、通貨膨脹率、最低工資、關稅等是否影響專案；社會環境包括文化、價值觀、人口分布等是否會影響專案；技術的進步、自動化、限制等是否會影響專案；法律包括環保法規、健康法規、安全法規是否會影響專案。環境包括地理位置、氣候、自然災害等是否會影響專案。專案經理必須對專案的環境進行分析，專案經理首先召開會議進行專案成員的腦力激盪，找出所有可能影響專案的因素，然後將所有因素歸納到 PESTEL 的各類當中，再根據相關性或重要性對所有因素進行排序，估計發生的機率，最後擬定降低因素影響力的行動方案。圖 1.4 爲專案的環境 [1,2] 。

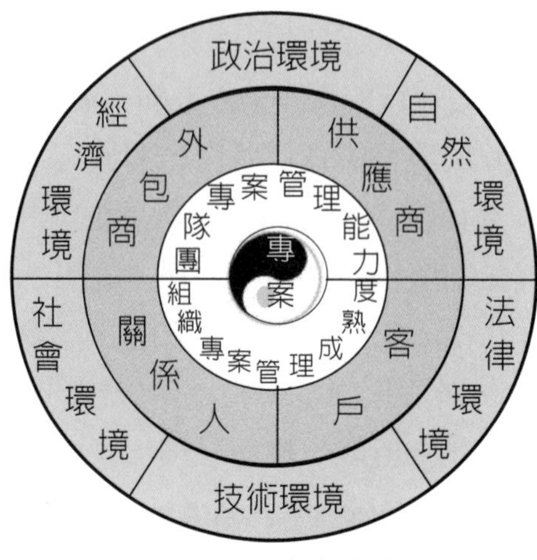
政治環境
自然環境
法律環境
技術環境
社會環境
經濟環境
外包商
供應商
客戶
關係人
專案管理團隊
專案管理能力
專案管理成熟度
組織
專案

圖 1.4　專案環境

Chapter 2

專案管理能力
(Project management capability)

部門經理和專案經理的最大不同，是部門經理以整合部門資源達成部門目標爲主，專案經理則是以整合企業資源達成企業目標爲主。因爲部門經理是管理例行性、常態性、部門內的事物；專案經理則是管理非例行性、非常態性、跨部門的事物。部門經理的責任是維持部門的運作，達成上級交付的年度目標；專案經理的責任則是爲了開創企業未來的機會，達成上級交付的創造企業競爭優勢的目標。部門經理管理的事務通常都已經標準化，稍微加以訓練，員工就知道怎麼做，即使部門經理不在部門一段時間，也不會造成多大的影響。專案經理管理的事務則是具有高度的不確定性，通常沒有標準化，因此如果專案經理不在專案一段時間，狀況輕者眾人無所適從，嚴重時甚至天下大亂。除此之外，部門經理管理的是一群彼此認識和共事多年的同事，專案經理管理的卻是一群彼此未共事，甚至不認識的成員，兩者的管理困難度差異性可想而知，所需要的能力當然也大不相同。

專案管理是科學、藝術和常識的組合，面對全球化的競爭，專案經理必須了解專案和專案管理的共通性基本原則，才能提高專案成功的機率，例如：

1. 在可以完成專案的情況下，專案人數愈少愈好。
2. 盡量使用全職的專案人員。
3. 盡量使用技術能力高的專案成員。
4. 追求 100% 的客戶滿意度。
5. 準時完成專案，只是達到最低標準。
6. 採用最好的執行方法以節省時間。
7. 發現問題，立即提出處理方法。
8. 重要問題在專案一開始就提出來討論。
9. 提早開始才有可能提早完成。
10. 隨時建立可供查詢的文件系統。
11. 適時召開會議、現地勘查和跟催。
12. 專案經理應該養成撰寫專案日誌的習慣。
13. 不要批評發起人和關係人的需求不實際。
14. 結案是專案最關鍵的收尾動作。

總括來說，專案經理應該具備的能力如下：

1. 情緒智商 (emotional intelligence)：迅速熟悉發生的事件，並了解人員的堅持，然後說服各方快速化解衝突的能力。
2. 適應溝通 (adaptive communication)：對不同文化的個人或團體，採用個別最有效的溝通技巧，包括書面或口頭方式，清楚的表達和專案有關的意見和想法的能力。
3. 人際能力 (people skills)：可以很快的和專案成員及關係人建立和維持正面關係的能力。
4. 管理能力 (management skills)：領導激勵專案成員和促進成員協同合作的能力。
5. 彈性 (flexibility)：能夠爲了企業的商業需求考量，修正自己的專案管理方法的能力和意願。

6. 商業理解 (business savvy)：了解產業動態和企業策略，並且有能力制定實現該策略的戰術行動。
7. 解析能力 (analytical skills)：能夠看穿問題，做出決策的能力。
8. 專注顧客 (customer focus)：了解客戶的需求，以及確保專案符合這些需求的能力。
9. 結果導向 (results orientation)：迅速完成所要的專案結果的能力。
10. 特質 (character)：具備吸引人的人格特質及高的品格和道德標準。

Date ______/______/______

Chapter 3

專案管理組織 (Project management organization)

大多數的企業都有繁重的例行性業務，因此企業都以部門的方式劃分角色和功能，例如：研發部門、生產部門、銷售部門等等，稱爲功能型組織 (function organization) 或傳統型組織 (traditional organization)。而前面提到專案是非例行性的任務，因此企業如何能夠在兼顧例行性事務的同時，又要執行非例行性的專案，這是企業組織規劃和資源使用的一大挑戰。爲了在功能型組織下執行專案，衍生出了以下幾種專案管理組織：

1. 功能型專案管理組織 (Functional project organization)

功能型專案管理組織是在上述功能型組織下執行專案，專案的開會、溝通、協調是由部門經理處理，部門經理回到部門再轉達給部門內的專案成員，專案成員沒有參與溝通協調。功能型專案管理組織是爲例行性而設計的組織，因此執行專案的效率最差。

2. 矩陣型專案管理組織 (Matrix project organization)

爲了解決功能型專案管理組織的缺點，另一種矩陣型專案管理組織被提出來，現在專案的開會、溝通、協調由專案成員直接參與處理，但是根據專案負責人的授權程度，矩陣型專案管理組織又分爲弱矩陣型(weak matrix)、平衡矩陣型(balanced matrix)和強矩陣型(strong matrix) 三種，執行專案的效率依序遞增。矩陣型專案管理組織的成員是透過授權書，將人員從各部門借調過來參與專案，專案結束人員就歸建到原部門。

(1) 弱矩陣型：專案成員直接參與專案的開會、溝通、協調，但是沒有指定誰是專案負責人。

(2) 平衡矩陣型：專案成員直接參與專案的開會、溝通、協調，而且指定一個臨時的專案負責人，專案結束，頭銜就不見了。

(3) 強矩陣型：專案成員直接參與專案的開會、溝通、協調，而且指定一個來自專案管理部門 (PMO, project management office) 的專案經理擔任這個專案的專案經理，專案結束後，專案經理的頭銜不會不見，因爲他本身的正式職稱就是專案經理。

3. 專案型專案管理組織 (Projectized project organization)

如果企業內部沒有例行性的事務，也就是所有業務都是非例行性，那麼就可以使用專案型的專案管理組織。在這種組織型態下，企業沒有功能型部門，取而代之的是專案部門，也就是企業會以專案的種類劃分部門，例如：橋梁部門、公路部門、建廠部門，每一個部門代表一種專案，所以執行專案的時候，專案部門的經理就是專案經理，專案成員也來自這個專案部門，溝通協調就在這個專案部門之內。因爲專案型專案管理組織是爲專案而設計的組織，因此執行專案的效率最高。

4. 虛擬型專案管理組織 (Virtual project organization)

如果需要的專案成員無法面對面參與專案，例如：行動不便、住在遠方或是正參與其他專案等等，此時可以選擇使用虛擬型專案管理組織，透過網際網路和各種通訊工具，讓某些成員在沒有碰面的狀況下，協助專案的某部分工作，然後定期回報進度。虛擬型專案管理組織是不得已的作法，即使要採用，也要有完善的專案管理資訊平臺，才能彌補無法碰面的缺點。根據經驗顯示，專案成員如果距離專案超過 130 公尺以上，就有可能讓成員變成虛擬而沒有歸屬感，甚至忘了自己是專案的成員。因此專案管理才強調集中辦公 (colocation) 的重要，如果眞的無法碰面，就只好借助專案管理資訊平臺。專案經理要避免專案成員其實不是虛擬，但是反而變成虛擬，特別是心理層面的虛擬。

專案從發起人、專案經理、部門經理、專案成員到關係人的關係，可以表達成圖 3.1。圖中最上面的是專案推動委員會，推動委員會任命一位高階管理層爲專案的發起人，負責監督和協助專案。發起人找到適合的人擔任專案經理，專案經理從部門借調人員做爲專案的成員，專案成員有可能只是兼職在專案，主要工作還是在部門，因此，專案成員還是受部門經理的管轄。部門經理雖然不必對專案經理負責，但是要配合專案提供資源，因此也要受發起人的約束。另外，專案團隊要和客戶和關係人保持良好的應對溝通。圖中的藍色框框代表專案辦公室。

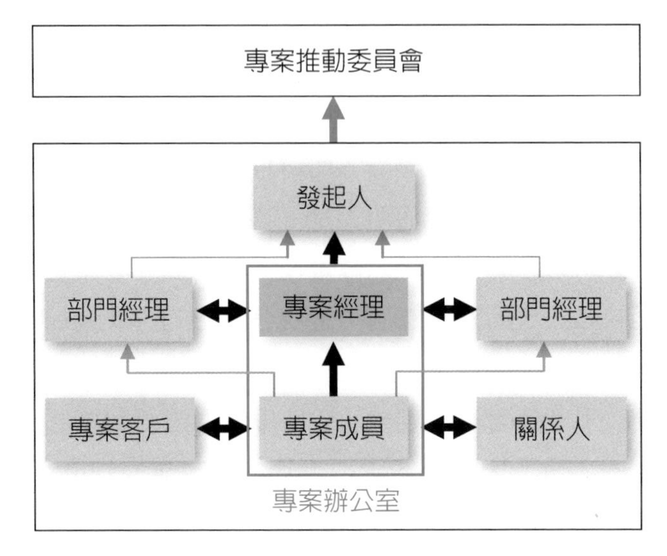

圖 3.1　專案管理組織架構

Chapter 4

專案角色責任
(Project roles and responsibilities)

專案的成功都是團隊群策群力的結果，從專案經理到每一位成員都有貢獻，因此專案一開始的角色與責任的妥善安排，是日後專案運作順暢與否的關鍵。清楚的角色與責任規劃，可以讓每一個人各司其職，充分負起責任發揮各自的功能，互相的責任隸屬關係也可以讓彼此協調溝通順暢，這些都有賴於專案組織和角色權責的清楚劃分。一個明確的角色和責任界定，可以讓每個人明白自己的權力和責任，願意爲自己的績效負責。一般來說，大的專案大多需要主要成員的全職參與，小的專案則可以是兼職負責。專案活動的分工和責任的指派可以利用組織分解結構 (OBS, organization breakdown structure) 和 RACI (responsible, accountable, consulted, informed) 矩陣來呈現，專案的成功通常需要各種專長的人才組合，而且依專案特性之不同而有差異。每個專案大致都需要以下幾種角色：

1. 專案經理。
2. 專案成員。
3. 部門經理。

4. 客戶。
5. 專案發起人。
6. 專案關係人。

其中專案關係人 (project stakeholder) 是指利益會受到專案的成功或失敗而正面或負面影響的個人或組織，專案團隊滿足他們的需求和重視他們的意見是專案成功的關鍵。因此，專案團隊必須在專案初期，就確認出所有的專案關係人，並且讓他們參與專案的規劃，充分表達他們的期望和需求，然後納入專案計畫書當中，取得專案關係人的正式書面簽署，最後在專案執行過程管理和滿足他們的需求。

專案推動委員會 (Project steering committee)	專案推動委員會是組織中的最高專案監督指導單位，主要職權包括核准專案預算、指定效益基準、監控進度、成本、品質及範圍目標達成狀況、制定專案相關政策及資源使用原則、審核進度、成本、品質及範圍的重大變更等等。
專案發起人 (Project sponsor)	專案發起人是組織中負責監督及支援專案的高層主管，階級在專案經理之上，他參與審查進度、成本、品質及範圍的績效和變更。策略性的監控專案，協助專案取得資源，以確保達成專案目標。
專案關係人 (Stakeholder)	在整個專案過程中，所有和專案有關或是會受專案成功或失敗，而正面或負面影響其利益的人員及組織。
專案經理 (Project manager)	專案經理由發起人指派，負責管理專案，包括計畫建立、計畫執行和計畫監督，主要責任是達成專案進度、成本、品質及範圍目標。專案經理必須和客户、關係人及發起人溝通協調，應用專案管理的方法，整合團隊的力量，達成專案目標。

部門經理 (Line manager)	執行專案的企業内部的各部門經理，他們負責提供部門資源，協助專案達成目標。
專案團隊 (Project team)	負責執行專案活動產出工作包的所有人員。
專案所有人 (Project owner)	負責專案產品在專案結束後的持續運作的個人或組織。
專案客户 (Project customers)	使用或出資完成專案產品的個人或組織，專案客户可以是組織内部 (例如：資訊部門爲生產部設計軟體) 或是外部 (例如：外部客户委託開發軟體)。

4.1 專案推動委員會(Project steering committee) 責任

專案推動委員會負責訂定全組織的專案管理政策，並稽核這些政策是否被所有專案遵守執行。專案推動委員會也負責審核專案的效益分析報告或可行性分析報告，協調跨專案的資源利用和風險管理，並監控高風險及高成本的專案執行績效。專案推動委員會在專案每個階段的角色如下：

一般責任	1. 指導、審查和更新企業的專案管理方法和政策。 2. 提供資源來改善專案管理績效。
專案發起	1. 審查專案概念書。
專案規劃	1. 審核專案的目標。 2. 審核專案的計畫書。 3. 審查專案的風險。
專案執行	1. 監督專案的績效。 2. 審查各階段的狀態報告及進度報告。

專案控制	1. 審核重大的變更要求。 2. 協助解決複雜問題。 3. 中止績效不佳的專案。
專案結束	1. 審查專案結束的總結評估報告。 2. 督促經驗教訓的檢討及留存。

4.2 專案發起人 (Project sponsor) 責任

專案發起人是執行專案的組織內部，職級高於專案經理的一位高階管理層，而且愈重要的專案，一般發起人的層級愈高。他被指定擔任管理階層和專案團隊的窗口，在專案的整個過程，負責協助和監督專案的進行，具體責任包括協助團隊取得資源、處理衝突、變更範圍、追加預算和追加進度等。專案發起人在專案每個階段的角色如下：

一般責任	1. 清楚了解客户的需求。 2. 爲專案爭取足夠的資源。 3. 爭取組織高層對專案的支持。 4. 爲專案團隊及專案關係人說明專案的關鍵成功因素。 5. 確保專案滿足客户的需求。
專案發起	1. 提供策略性的指導，引導專案朝向提高價值的方向思考。 2. 說明發起人的需求。 3. 爲專案爭取足夠的預算。 4. 指派發起人的聯絡窗口。
專案規劃	1. 參與專案的架構規劃。 2. 審核團隊的專案計畫書。
專案執行	1. 參加定期的高層專案審查會議。 2. 協助解決任何團隊無法解決的問題。

專案控制	1. 參加專案推動委員會的會議。 2. 參加專案狀況審查會議。 3. 參加變更管制委員會的變更核准會議。
專案結束	1. 參加經驗教訓的檢討會議。 2. 簽署核准專案的結束。

4.3 專案經理責任 (Project manager)

專案經理是受命達成專案目標的負責人，他必須和專案發起人及關係人緊密溝通，以取得所需要的資源和必要的協助。專案經理首先根據授權書的內容，找到適當的成員，整合團隊的力量，制定專案的計畫書；在執行過程，嚴密監控活動的進展，以確保專案在預定的時間和預算內，達成符合品質要求的目標。專案經理最好能夠參與專案的效益分析，否則應該在發起階段就指派，這樣就可以帶領團隊完成專案計畫，讓專案的執行者就是專案計畫的制定者，如此專案經理就會更加努力提高專案的執行績效，以證明自己的規劃完全正確。專案經理在每個專案階段的角色如下：

一般責任	1. 執行專案管理的組織政策和程序。 2. 爭取達成目標所需的資源。 3. 維持專案成員的專業能力。 4. 確保專案的可交付成果品質。 5. 尋求提高專案績效的管理輔助工具。
專案發起	1. 協助發展專案概念書。 2. 協助進行專案效益分析。 3. 協助定義專案成功因素。 4. 協助確認專案的限制。 5. 協助確認專案的假設。

專案規劃	1. 發展工作分解結構和組織分解結構。 2. 帶領團隊制定專案計畫書。 3. 爭取專案計畫書的核准。 4. 分派專案工作及資源。 5. 定義專案績效基準。
專案執行	1. 管理專案日常工作並提供必要的指導和支援。 2. 定期監督專案狀況，並比較計畫績效和實際績效的差距。 3. 隨時更新專案進度，並取得關係人的核准。 4. 觀察專案團隊士氣，並適時提供激勵。
專案控制	1. 提出專案成本和進度的變更要求。 2. 審查專案的品保績效。 3. 參與變更管制委員會的專案變更審查。 4. 定期審查專案風險，並制定因應措施。
專案結束	1. 取得客户對可交付成果的允收。 2. 檢討及留存經驗教訓。 3. 結算專案財務。 4. 彙整專案資料。 5. 結束採購合約。 6. 專案結案報告及成員績效評估。

4.4 專案團隊 (Project team) 責任

專案團隊是負責執行專案活動，產出工作包的所有成員，專案團隊的基本責任，在規劃階段：協助專案經理發展專案計畫書。在執行階段：各司其職的完成自己分內的工作，並接受定期的績效監督。在控制階段：必要時提出並說明變更要求。在結束階段：要蒐集資料、整理文件並提供經驗和教訓。專案團隊在每個專案階段的角色如下：

一般責任	1. 找出完成所負責活動的執行方法。 2. 在預算及時程內執行該方法。 3. 協助規劃專案。 4. 協助提高專案產出的品質。
專案發起	1. 協助專案的粗略估計。 2. 協助確認專案需求是否合理。 3. 協助確認現有資源是否可行。 4. 協助分析專案需求是否完整清楚。 5. 協助執行專案效益分析。
專案規劃	1. 發展活動執行方案。 2. 協助估計活動成本及時程。 3. 確認專案執行工具需求。 4. 協助制定專案計畫書。
專案執行	1. 執行被指派的活動。 2. 產出專案可交付成果。 3. 提供專案狀態報告。 4. 提出變更要求。 5. 蒐集活動相關資料。
專案控制	1. 找出績效問題，並提出糾正措施。 2. 協助可交付成果的檢驗及測試。 3. 找出活動風險，並制定因應措施。 4. 說明變更要求。
專案結束	1. 參與專案經驗教訓的檢討和留存。 2. 專案資料的蒐集、彙整及交付。

4.5 專案客戶 (Project customers) 責任

專案客戶是指專案可交付成果的出資者或使用者，可能是個人或是組織，他的責任是在專案發起前，清楚明白的說明專案可交付成果的需求。在專案各階段：確認及驗證期中工作結果是否符合需求。在專案結束時：確認及驗證期末可交付成果是否滿足需求，並參與可交付成果的接收和人員的訓練。專案客戶在每個專案階段的角色如下：

一般責任	1. 清楚說明專案需求。 2. 確認需求已經被達成。 3. 指派專業人員接收專案產品。
專案發起	1. 對專案團隊清楚說明專案需求。
專案規劃	1. 指派客户聯絡窗口。 2. 提供正式的書面專案需求及合格標準。 3. 提出人員訓練需求。
專案執行	1. 指派人員參加訓練課程。 2. 協助進行專案產品的檢驗和測試。 3. 核准專案產品的移交及裝設程序。 4. 建立相關政策及流程來配合專案。
專案控制	1. 參與需求變更的審查會議。 2. 核准專案的可交付成果設計。 3. 協助解決需求衍生的問題。
專案結束	1. 指派人員接收可交付成果。 2. 指派人員參與檢討經驗教訓。 3. 指派人員參加訓練課程。

專案管理架構 (Project management framework)

架構 (framework) 是指一個結構化 (structure) 的圖形，用來說明某個複雜的概念或系統。所以，專案管理架構就是一個可以清楚表達什麼是專案管理、主要包含哪些組成元素，以及這些元素間關聯性的圖形。所有被借調過來參與專案的人員，不只背景、經驗差異很大，就連做事的方法和邏輯也大不相同，再加上專案管理的過程是同時發生互相連動，如果每個人對專案的認知和想像都不一樣，那麼如何能夠群策群力達成目標。因此如果有一個統一思維和行為準則的專案管理架構，就可以避免團隊人員各行其是，純粹依照自己的行事風格和實務經驗來執行專案，因此可以大大減少過程中的衝突和問題的發生。圖 5.1 為本知識體系的專案管理架構 [1,2]。圖 5.1 的左邊是專案管理的目標，每個專案的目標會依照企業高層或專案客戶的需求不同而不同。圖 5.1 的中間上半部是本知識體系的專案管理流程，說明專案管理過程的起承轉合。圖 5.1 的中間下半部，代表做好專案管理所需要的共同必要條件。首先是企業需要有一組足夠專案管理能力的團隊，這組團隊的成員必須具備如前面所述的專案管理的能力，以確保專案能夠順利執行。其次是企業必須要設計一套專案管理制度 (project management system)，讓專案團隊和所有關係人，可以在相同的思維架構下運作專案。接著是專案成員必須熟悉執行活動的方法 (techniques) 和工具 (tools)，才能很有效率的完成工作。最後是企業要盡量爲專案團隊提供足夠的資源，否則就算專案團隊是巧婦，也難爲無米之炊。圖 5.1 的中間最下方兩列，分別是專案管理知識庫和專案管理資訊系統。專案經過規劃、執行和控制的過程，一定會發現很多做得很好和做得不好的經驗和教訓 (lessons learned)，每一個參與專案的成員在多年之後，也一定會累積很多做事的方法、心得和技巧，專案知識管理系統 (project knowledge management system) 可以把這些專案的方法和技巧保存下來，然後經由專案知識社群 (CoP, community of practice) 的互相分享，提升企業內部專案人員的專業能力。最後，圖 5.1 的中間最下方列是專案管理資訊平臺，面對國際化的競爭和全球化的挑戰，建構一套跨全球的專案管理資訊平臺，是企業提高專案管理效率和效能的必要作法，當然就更容易每次都達成圖 5.1 右邊的專案目標。

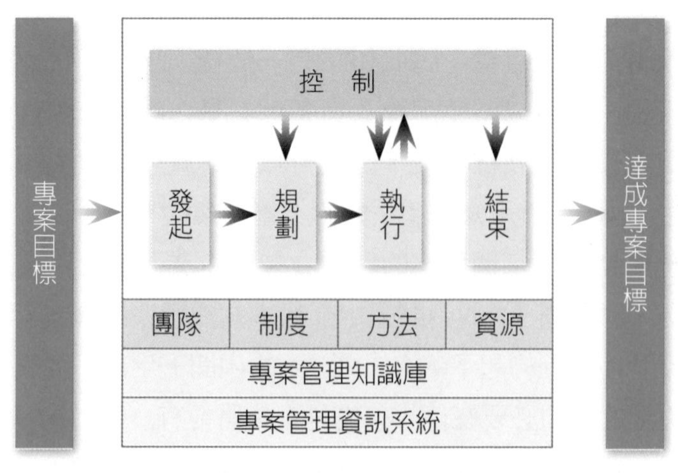

圖 5.1 專案管理架構

專案目標 (Project objectives)	專案目標必須和企業的經營策略相結合，由專案發起人列於授權書當中。專案目標必須符合以下五個要點，第一個英文字母合在一起稱爲 SMART： 1. 明確 (specific)。 2. 可衡量 (measurable)。 3. 可達成 (achievable)。 4. 實際 (realistic)。 5. 有期限 (time-bound)。
發起專案 (Initiating a project)	專案經過效益分析評估可行之後，企業決定投入資源執行這個專案，此時企業就指定一位高層人員擔任專案發起人，將草擬的專案授權書交給他所選派的專案經理。發起是企業正式宣布，有一個新的專案要正式開始。
規劃專案 (Planning a project)	專案經理接到發起人的授權書之後，就領導團隊制定專案計畫書，就是規劃專案應該如何運作，才能達成授權書上的專案目標。專案計畫書完成之後，要經過發起人的審核通過，否則必須反覆修改，直到發起人滿意計畫書的品質爲止。
執行專案 (Executing a project)	專案計畫書經過發起人審核通過之後，專案團隊就依照計畫的內容執行，並且定期監督專案績效，也就是比較計畫績效和實際績效的差異，必要時提出變更要求。執行階段應該設計必要的工作授權系統，以避免團隊做了不該執行的工作。
控制專案 (Controlling a project)	專案團隊如果提出變更要求，例如：追加成本和追加預算，就要進入變更管制系統進行審核，如果變更要求被核准，相關文件要一起變更。如果變更要求沒有核准，專案團隊就要設法在既定的時程和預算內完成專案。

結束專案 (Closing a project)	如果客户驗收通過最終可交付成果並簽核後，專案經理就可以通知客户合約結束。合約結束之後，專案團隊應改盡快進行內部的行政結案，也就是資料蒐集、開會檢討和經驗教訓的留存，最後建立專案檔案，人員解散歸建。
團隊	所有參與專案的成員，包括專案經理及所有全職或兼職的專案人員，甚至是公布在其他地方的虛擬團隊成員。
制度	運作專案所需要的專案管理系統和流程。這個制度的熟練度稱爲專案管理成熟度 (project management maturity)，它可以用來衡量企業專案管理制度運作的優劣。
方法	執行專案活動可以使用的方法和工具。
資源	達成專案目標所需要的人力、資金、材料、設備等等。
專案管理知識庫	透過專案管理知識管理系統，所累積儲存的經驗教訓和最佳實務 (best practice) 等。
專案管理資訊平臺	一套全球化的專案管理網際網路平臺，可以協助團隊進行專案的規劃、執行、監督和控制。
達成專案目標	專案最終可交付成果被客户驗收通過，而且客户和所有專案關係人都滿意專案團隊的表現。

專案管理流程 (Project management process)

有關專案管理從開始到結束的階段劃分，不同的產業有不同的作法，而所有這些階段的前後順序關係，稱爲專案管理流程 (project management process)。專案管理流程的清楚定義，有助於專案各階段決策的管控和專案活動的展開。專案流程從開始到結束，一般又稱爲專案的生命週期 (project life cycle)，圖 6.1 爲一般專案管理知識體系的專案管理流程架構 [1, 2]。由左邊專案發起開始進入專案規劃，規劃完成經核准後依計畫執行，執行結果要經過檢驗的控制，如果不合格，可能需要重工 (rework)，所以由控制又回到執行。有時執行後需要提出變更要求修改計畫，所以由控制回到規劃。如此反覆進行，如果最後可交付的成果經驗收通過，專案則由控制進入結束階段。圖 6.2 爲專案管理生命週期每個階段的相對工作投入量 [1,2]。

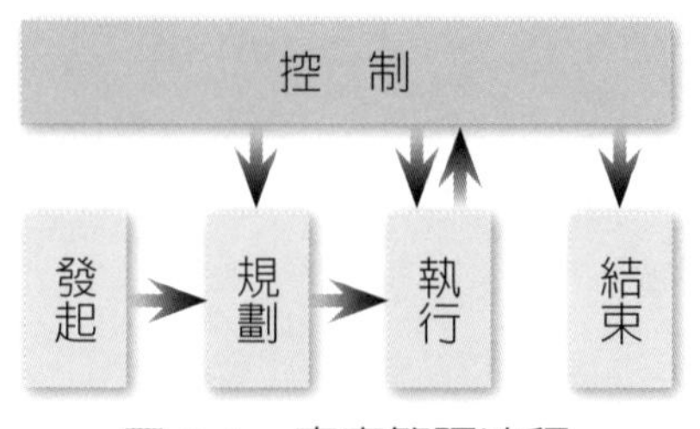

圖 6.1　專案管理流程

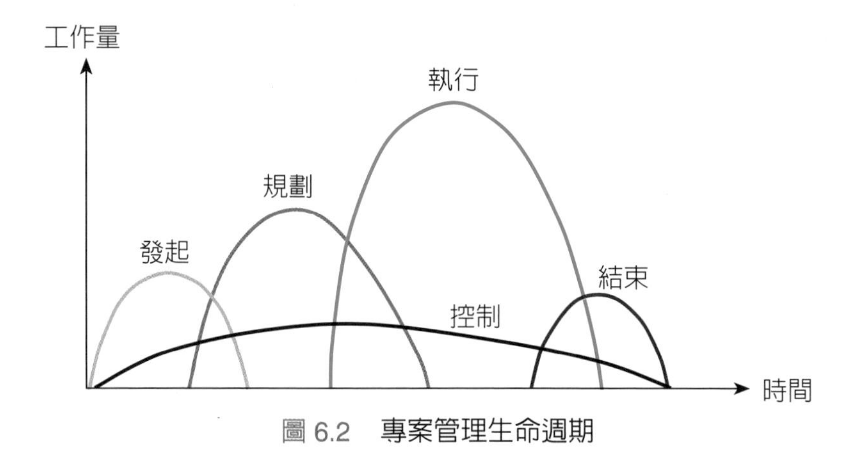

圖 6.2　專案管理生命週期

圖 6.2 說明專案各階段的工作投入公布狀況，其中以活動執行的投入最多，發起和結束都只分別發生在專案的初期和後期。專案控制則橫跨專案的開始到結束，這和圖 6.1 中，專案控制功能在最上方，且涵蓋所有其他階段的概念相同。這種專案管理的流程會因爲專案特性的不同而稍有差異，詳細請參閱《研發專案管理知識體系》、《行銷專案管理知識體系》、《營建專案管理知識體系》、《活動專案管理知識體系》、《經營專案管理知識體系》、《複雜專案管理知識體系》和《大型專案管理知識體系》。

Chapter 7

專案管理步驟 (Project management steps)

前文所提到的專案管理流程中的每一個階段，都有很多不同的工作需要執行，這些工作必須依照執行順序排成前後的步驟，也就是說，從專案的發起階段、規劃階段、執行階段到結束階段，各有其不同的專案管理步驟。因爲這樣的管理步驟，所有的專案成員和專案關係人，就可以在同樣的基礎上進行溝通對話，當然有利於專案的順利推展。以「專案規劃」的步驟爲例 (圖 7.1[1, 2])。專案發起後進入規劃，首先確認專案目標，再規劃達成專案目標的專案範圍，然後將專案範圍往下拆解成工作分解結構 (WBS,work breakdown structure)，工作分解結構代表達成目標所需要執行的所有工作，由工作分解結構可以進行工作的指派，形成組織分解結構。有了工作分解結構，可以進行進度規劃，也就是決定進度排程模式和工時估計方法等，然後定義活動，即拆解工作包成活動清單，之後再決定所有活動的執行順序，接著估計完成每個活動所需的工時，最後綜合成完整的專案進度。由 WBS 也可以進行成本規劃，然後整合所需要的資源種類及數量，得出專案的成本估計，做爲預算編列的依據。知道所有需要執行的 WBS 活動之後，就可以逐一辨識造成進度、成本、品質及範圍問題

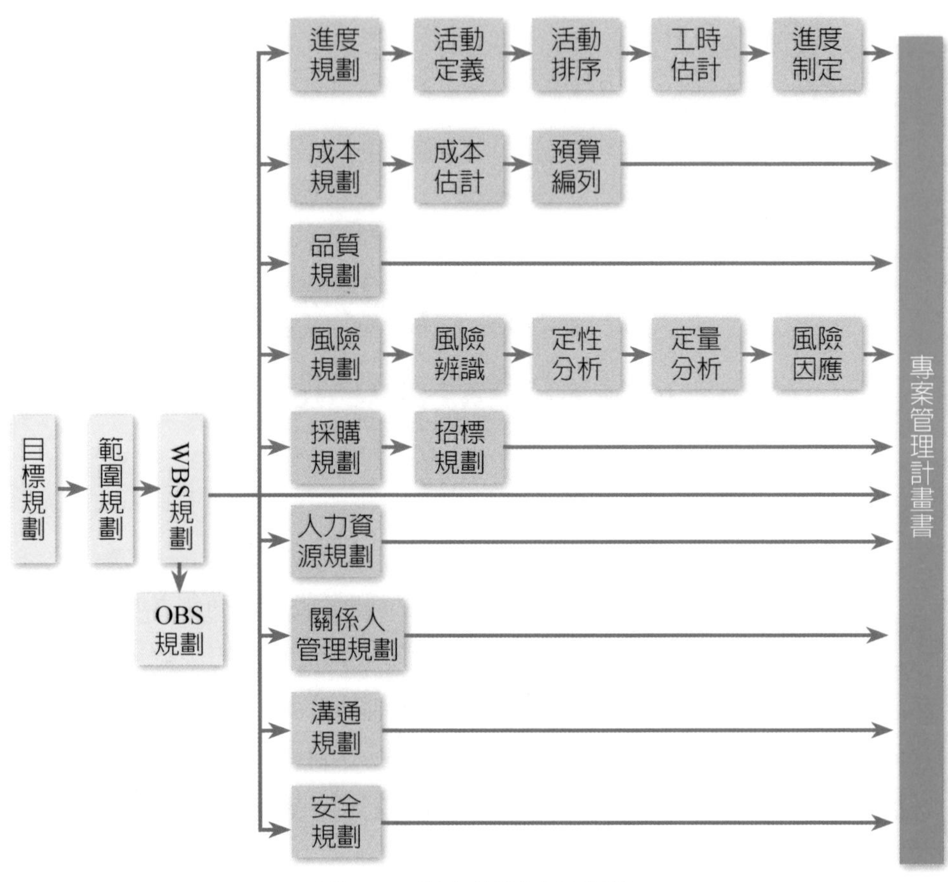

圖 7.1　專案規劃管理步驟

的所有可能風險，然後以定性分析決定它們的相對排序，以定量分析決定它們對專案的絕對影響，最後擬定風險因應措施。由 WBS 的項目也可以知道需要採購和需要招標的物件，然後進行招標作業，選出最好的一個或幾個包商或供應商。由檢視 WBS 的工作包也可以知道完成必須達到的品質標準，以及執行過程中，需要和哪些專案關係人進行必要的溝通。另外審視 WBS 的活動也可以確認出避免成員安全受到威脅的預防措施。專案執行階段、專案控制階段和專案結束階段也都可以歸納出類似的管理步驟。

Chapter 8

專案管理方法 (Project management methods)

執行前一章所提的專案管理步驟，除了要具備相關的專業知識之外，還需要有一套活動執行的方法，這樣的專案管理方法，不是指執行步驟所需要的專門技術，而是指執行步驟所需要的思維架構。呈現清楚明白的思維架構，可以讓步驟活動的負責人，很容易的抓到執行某一個活動的重點，包括執行時需要什麼資料、執行時會受到什麼限制、執行時可以使用的方法，以及執行後會有何產出。本知識體系參考 IDEF 的表達方式，將專案管理方法表達成圖 8.1 的專案管理方法示意圖，中間方塊代表專案的某一個步驟，方塊左邊是執行該步驟所需要的輸入資料或訊息。方塊上方是執行該步驟所受到的限制 (constraints)，例如：企業採購政策或是步驟的假設 (assumptions)，例如：執行活動時是好天氣，假設是不一定是眞的事情認爲是眞，或是不一定是假的事情認爲是假，限制和假設通常是專案風險的所在。因此在專案管理過程，有時要進行假設分析。方塊下方是執行這個步驟可以使用的方法 (techniques) 和工具 (tools)。方塊右邊是執行該步驟後的產出結果。

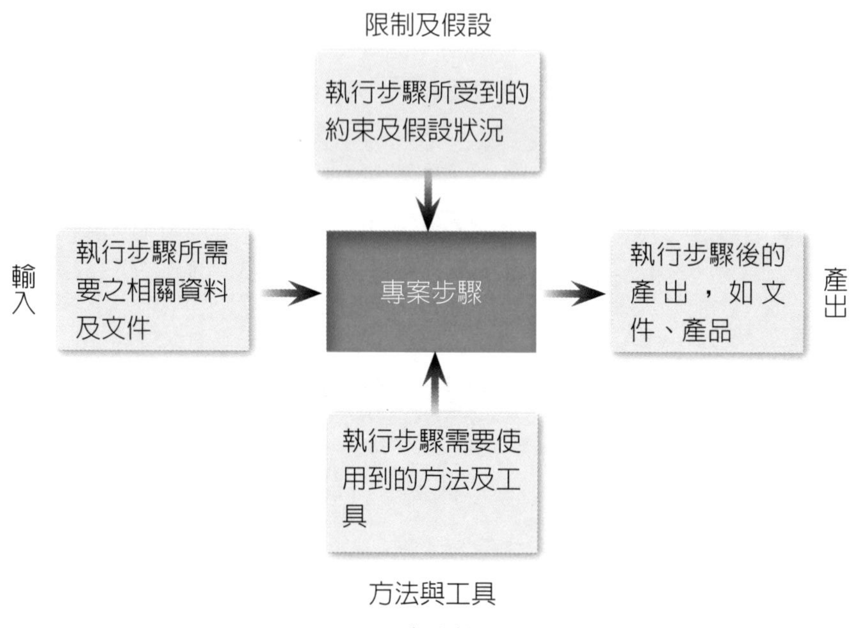
限制及假設
執行步驟所受到的約束及假設狀況
輸入
執行步驟所需要之相關資料及文件
專案步驟
執行步驟後的產出，如文件、產品
產出
執行步驟需要使用到的方法及工具
方法與工具

圖 8.1　專案管理方法

Chapter 9

專案管理層級模式 (PM hierarchical model)

如果把前幾章所說明的專案管理架構 (framework)、專案管理流程 (process)、專案管理步驟 (step) 和專案管理方法 (method)，由上往下疊放在一起，可以建構出一個四階的專案管理層級模式 (project management hierarchical model)。模式以先見林再見樹的方式，架構出一個完整的專案管理方法論 (methodology)。有了這樣的模式之後，專案管理人員不只可以更深刻的吸收專案管理的知識體系，而且在專案的執行實務上，對專案管理知識和實務的結合有非常大的幫助。圖 9.1 爲一般專案管理知識體系的專案管理層級模式 [1, 2]。圖中最上層的專案管理架構，清楚明確的點出專案管理的整體內涵，企業可以由這個管理架構知道，要管理好企業的專案所必須具備的基礎架構 (infrastructure)，包括訓練有素的專案人員、精巧設計的管理制度、隨時管理的資訊平臺等。第二層的專案管理流程是專案管理的階段劃分和順序，五個階段的流程可以清楚的說明專案管理的起、承、轉、合。圖中控制功能在上方，表示執行績效的管控是專案管理的重點，本知識體系以發起、規劃、執行、控制和結束的通用性流程，來

專案管理架構
專案管理流程
專案管理步驟
專案管理方法

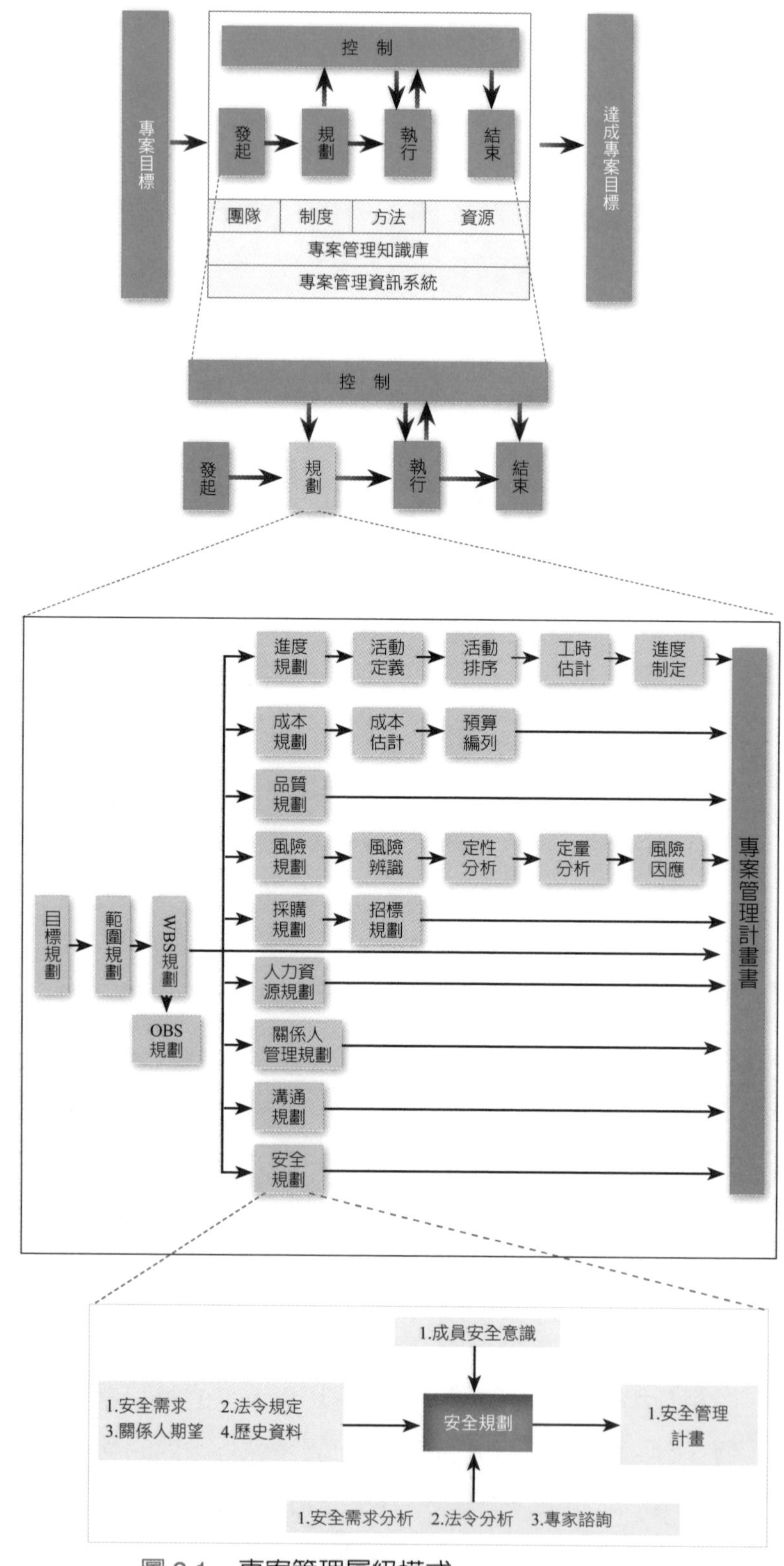

圖 9.1 專案管理層級模式

串聯專案管理的整個過程。第三層是專案管理的步驟，它是前面每一個管理流程的展開，也就是完成每個流程階段，所必須執行的所有步驟。有了這樣的專案管理步驟，每一個專案成員就可以按照步驟依序逐步推進，因此，可以確保專案管理過程的有條不紊。最底層是專案管理的方法，它是執行每個步驟可以用到的方法和工具，以及會受到的組織限制和可能出錯的假設。專案管理方法的主要功能是提供專案人員一個基本的邏輯思考方式，因為它不但清楚的提示用什麼方法執行活動，更重要的是提醒負責人員在執行時，需要考慮哪些事項，以避免規劃、執行和控制時的思慮不周。下方的方法說明執行步驟可以採用的選項，實務操作上可以依需要予以取捨。

Date ______/______/______

Part 2

專案管理知識領域

- Chapter 10 發起專案前
- Chapter 11 發起專案
- Chapter 12 規劃專案
- Chapter 13 執行專案
- Chapter 14 控制專案
- Chapter 15 結束專案
- Chapter 16 專案管理成熟度

Chapter 10

發起專案前 (Pre-project)

專案的起源來自於企業主動的發現問題或是被動的出現問題，然後投入人力、時間及資源，迅速解決這些問題；或是企業主動尋找機會，希望投入人力、時間及資源迅速創造這些機會，爲企業創造未來的競爭優勢。解決問題和創造機會的驅動力，可能來自於對手、客戶或是企業領導者的企圖心。所以企業在專案發起之前，必須能夠想盡辦法，找到避免失敗的一些關鍵問題，和保證成功的一些關鍵機會，做成專案的概念書，然後分析每個問題和機會的成本效益和無形利益。最後在希望投入的有限資源，可以極大化有形效益和無形利益的情況下，選擇在未來一段時間，可以爲企業產生最大整體綜效的一組問題和機會，作爲企業要投入資源的專案。上述過程就是發起專案前的主要作爲，也稱爲商業分析 (business analysis)，整個流程架構如圖 10.1 所示、執行步驟如圖 10.2，包括：

1. 發現問題。
2. 尋找機會。
3. 建立提案。
4. 分析效益。
5. 管理組合。

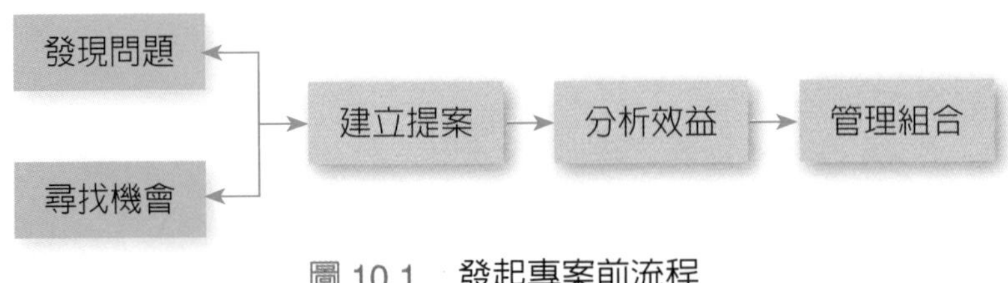

圖 10.1 發起專案前流程

10.1 發現問題 (Discovering problems)

發現問題是組織爲了強化企業體質，從各個經營層面尋找可以改善的問題。因爲企業從過去到現在，一定會累積很多的問題，這些問題在過去可能不是問題，但是隨著環境的變化，客戶需求的改變，競爭態勢的不同，再加上企業制度的老化、機器設備的老舊、人員思維的僵化、教育訓練的不足等等因素，導致企業一定會在某個時間點發生重大問題。如果企業可以事先預防，在問題發生之前就提早發現問題並且解決問題，那麼必定可以重新強化企業體質，恢復企業昔日風采，這就是企業實行流程再造等措施的主要目的。相反的，如果企業沒有危機意識，自滿於目前的經營狀態，對一些變化毫無知覺，那麼發生問題必然是指日可待，這也是企業無法永續經營的主要原因。圖 10.3 爲發現問題的方法。

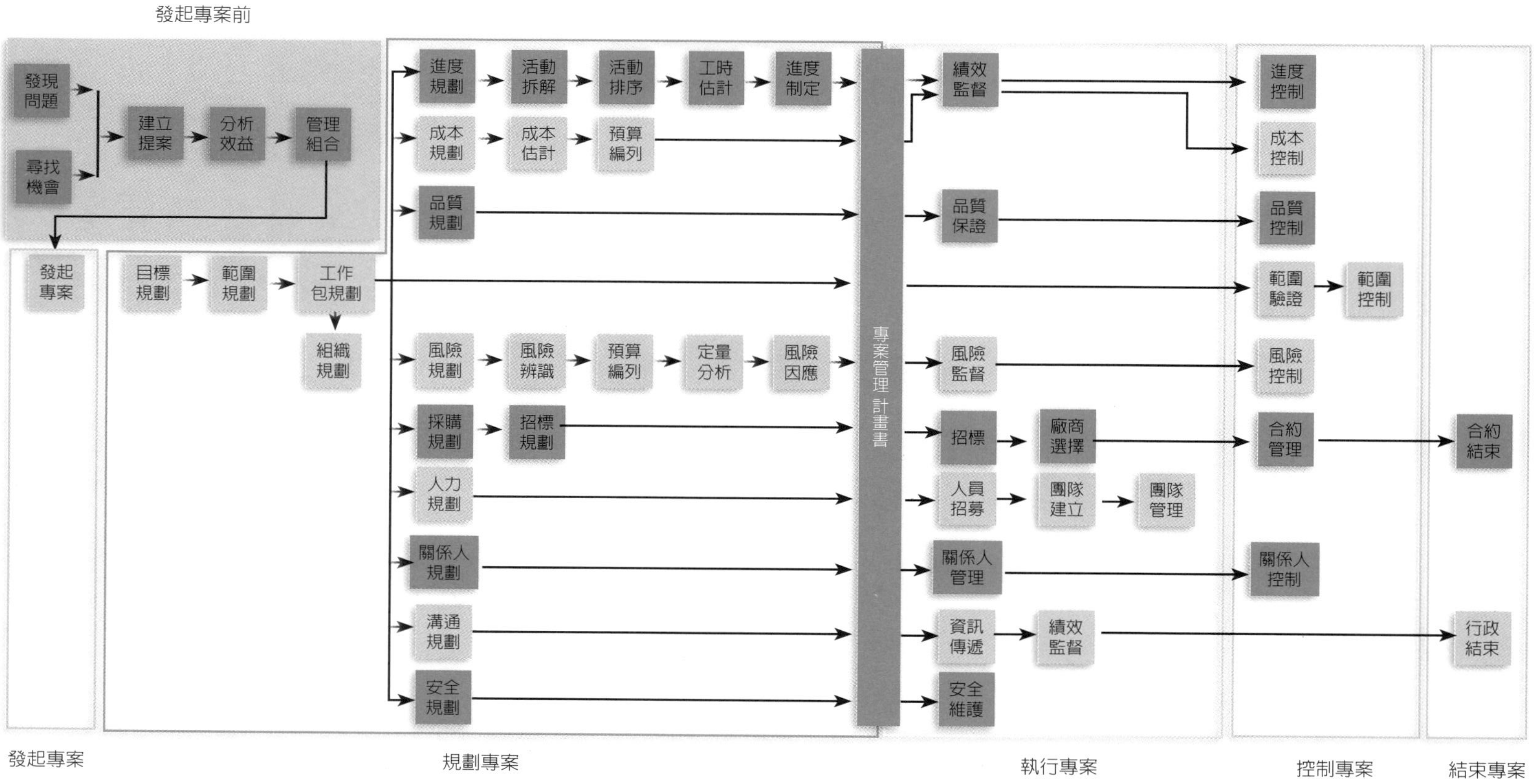

圖 10.2　發起專案前步驟

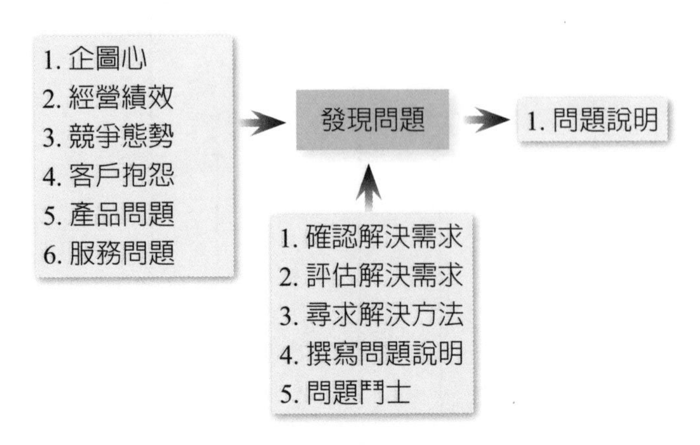

圖 10.3 發現問題的方法

輸入 (Inputs)

1. 企圖心：經營者的企圖心是發現問題的原動力。
2. 經營績效：從企業的經營績效中發現問題。
2. 競爭態勢：從分析企業的競爭態勢發現問題。
3. 客戶抱怨：從客戶的抱怨中發現問題。
4. 產品問題：從分析現有產品的缺點發現問題。
5. 服務問題：從分析現有服務的缺點發現問題。

方法 (Mechanisms)

1. 確認解決需求：澄清確實有問題需要解決的需求，重點聚焦在回答：(1) 核心問題，而不是直接跳入解決方法，例如：如何爲一億人口提供乾淨的用水。(2) 期望的結果，以定性和定量方式說明期望的結果，避免直接對某個解決方法產生偏好。(3) 潛在的客戶和受益者。
2. 評估解決需求：說明爲什麼企業必須解決這個問題，包括與企業策略目標的配適度，對企業的期望效益和衡量方式，以及如何確保解決方法被有效執行等。

3. 尋求解決方法：先從企業內部或其他企業過去的嘗試經驗中，了解哪些方法已經被證實無效，哪些方法已經被使用過而且有效，但是需要修正才能解決自己企業的問題。過程中要考慮到有哪些技術已經被嘗試過，有哪些成功、哪些失敗、成本多少，有沒有專利的問題，有沒有牽涉到法規，內部有沒有資源來執行解決方法等等。
4. 撰寫問題說明：撰寫希望解決的完整問題說明，包括解決方法必須滿足的條件，以及需要的資源。一個清楚的問題說明可以促進內外部的溝通，提高問題被圓滿解決的機會。
5. 問題鬥士：問題鬥士 (problem champion) 是發現某個問題，並且希望說服企業內部重視該問題必須解決的人。

假設與限制 (Constraints)

輸出 (Outputs)

1. 問題說明：問題的完整描述，包括根本原因 (root causes)、解決方法應該滿足的條件、應該參加的問題專家、問題相關的訊息、明確而不是技術導向的內容說明，以及解決方法需要產出的結果。例如：製作模型，誰負責評估解決方法的有效性、解決方法的成功標準等等。

10.2 尋找機會 (Searching opportunities)

尋找機會是企業面對市場的競爭，希望創造未來競爭優勢的所有作為，包括產品的研發、市場的開拓等等。尋找機會也可以是為了達成企業的策略目標所採行的潛在作為，包括對市場競爭的短期因應、爲了取得競爭優勢的重大突破。它可能包括新產品、新製程、新服務以及新的市場行銷方法的研發等等。機會可能來自於個人的遠見、高層的判斷、腦力激盪的聚會等等。尋找機會的方法之一是趨勢分析，它是辨識未來機會的最主要關鍵工作，因爲市場調查只是針對今天的客戶，透過趨勢分析才能找到明天的客戶。常用的趨勢分析方法是定期審視：(1) 社會趨勢：包括人口、性別和價値觀；(2) 技術趨勢：包括科學和技術的改變；(3) 環境趨勢：包括自然和生態系統的變化；(4) 經濟趨勢：交易方式的改變和 (5) 政治趨勢：包括政府、議題和法令的改變；以上幾項合起來稱爲 STEEP。圖 10.4 爲尋找機會的方法。

圖 10.4 尋找機會的方法

輸入 (Inputs)

1. 企圖心：經營者的企圖心是尋找機會的原動力。
2. 策略目標：企業在未來一段時間內想要達成的策略性目標。

3. 市場訊息：和產品有關的市場資料，包括市場占有率，技術發展之脈動、各家競爭態勢、產品開發歷程等等。
4. 客戶訊息：客戶的公布以及客戶對產品的偏好等資料，如果企業有實施客戶關係管理 (CRM, Customer Relation Management)，那麼就比較容易取得客戶相關訊息。
5. 對手訊息：有關競爭對手的可能作爲等資料，例如：未來的研發計畫、預算編列以及研發人數等。
6. 專利地圖：專利地圖 (patent map) 是一種運用統計的手法，結合技術領域的專家智慧，針對某一個技術主題，全面性的搜尋，然後透過分析歸納，將專利資料背後所潛藏的管理及技術訊息解析出來，以作爲研發及管理之用。

方法 (Mechanisms)

1. SWOT 分析：進行企業應付競爭者、滿足客戶需求以及克服市場環境的強處、弱處、機會和威脅的分析。
2. PEST 分析：從政治 (political)、經濟 (economic)、社會 (social)、技術 (technological) 等方面分析企業的競爭環境。
3. 技術趨勢分析：目標產品所用到的技術，隨著時間的演進趨勢。
4. 客戶趨勢分析：產品的各種客戶的增加及減少趨勢，可以看出客戶需求的變化。
5. 競爭情報分析：競爭情報分析 (competitive intelligence analysis) 是將片段的競爭者資料，整合成爲和競爭者有關的策略知識，包括競爭者的產品定位、產品優缺點、產品策略、目標市場、銷售量、獲利性、市占率、差異訴求、顧客印象、推廣策略、配銷策略等等。競爭情報分析又稱爲商業情報分析 (business intelligence analysis)。
6. 市場區隔分析：市場區隔分析 (market segment analysis) 的目的

是鎖定目標市場，把一個大而混雜的市場，切割成幾個比較小而且均質的市場。切割方式依效果由小到大爲：(1) 性別、年齡、收入；(2) 地區、銷售金額、員工人數；(3) 購買行爲：如電話／網路、現金／信用卡、價格、品牌等；(4) 看重屬性：如產品性能、可靠度、售後服務等。市場區隔分析通常先取得 300 到 1,000 個客戶的市場調查資料，然後再透過集群分析法 (cluster analysis)、因素分析法 (factor analysis) 及鑑別分析法 (discriminate analysis) 等進行客戶的分群。一般來說，市場區隔分群數量不應小於 3 個或大於 8 個。

7. 產品差異分析：差異分析 (gap analysis) 是透過市場調查分析使用者對市場現有類似產品的相對評價，呈現出來的圖形稱爲認知圖 (perceptual map)。它可以知道客戶看重的產品特性，因此可以找出市場上可能的產品機會。差異分析所比較的產品一般建議不超過 8 個，評價屬性則建議至多 20 個。
8. 產品問題分析：分析市場上現有產品的問題點，可以找出改進產品的機會。
9. 產品成熟度分析：產品成熟度分析的目的是了解每項產品在生命週期的所在位置，然後預測產品銷售量下滑的時間。
10. 情境分析：情境分析 (scenario analysis) 是預想多個不同的未來願景，而每一個願景又可以點出不同的可能機會。然後據以制定策略來實現未來的機會或是應付未來的挑戰。情境分析的作法是：(1) 設計未來情境；(2) 確認機會；(3) 分析並排序機會；(4) 排序在前者即爲產品機會。情境分析可以是：(1) 延伸式 (extend scenario)：情境爲目前趨勢的延伸，或是 (2) 跳躍式 (leap scenario)：未來某個時間以後的情境。
11. 焦點團體法：焦點團體法 (focus groups) 是以會議的方式，和 8 到個 12 客戶或使用者一起探討產品的某一個問題，以取得他們有關產品機會的回饋。

12.個人深度訪談法：個人深度訪談 (individual depth interviews) 是由一個有經驗的引導者，以深度談話的方式引導訪談對象評論產品，這種方式可以對產品使用者的動機、購買行為、偏好以及期望有更深入的了解，一般建議訪談人數至少 25 人，時間每人至少 1.5 小時。如果是利用電話訪談，時間則建議不要超過 45 分鐘。

13.人群觀察法：人群觀察 (ethnography) 是一種參與、觀察人們生活和環境的研究方式，它是在實際環境中訪問和觀察產品的使用者，或是到客戶的工作場所，觀察客戶執行某個希望解決的問題，以了解客戶的產品需求。人群觀察又稱為環境研究 (contextual research)、環境探索 (contextual inquiry)、環境觀察 (contextual observation)、深度潛水 (deep dive) 或現地訪察 (customer site visits)。一般建議進行 18 到 20 次的觀察訪談，每次至少進行兩小時。人群觀察法可以在小樣本的情況下，獲得 90% 極為可靠的產品需求、產品問題或產品機會。如果過程以親自操作產品的方式進行，稱為身歷其境法 (immersion)。人群觀察法通常由 2 個人合作進行，並且事先設計好執行準則 (field prorocol)，過程執行重點包括：(1) 設身處地、(2) 態度親善、(3) 客戶主談、(4) 觀察行為、(5) 樣本數小。人群觀察法的結果呈現方式有：(1) 錄影帶、(2) 錄音帶、(3) 書面紀錄及照片、(4) 說明活動順序的活動圖 (activity diagram)。人群觀察法的最大優點是可以發掘客戶沒有表達出來的需求。

14.客戶需求分析：透過客戶需求分析 (customer needs analysis) 可以找出有哪些客戶的主要需求，還沒有被現有產品滿足，特別是分析吸引客戶購買產品的核心利益訴求 (CBP, core benefit proposition / value proposition)。客戶需求通常作成需求說明

(needs statement)。

15.智慧財產權策略：專利是保護智慧財產權的最有效作法，企業必須制定完善的專利組合策略 (patent portfolio strategy)，包括攻擊策略和防禦策略，才能保護產品研發的成果。

16.途程規劃：途程規劃 (road mapping) 是以圖形的方式，逐步預測市場和技術的未來可能變化，然後規劃相關產品來對付這些變化。

17.其他：其他適用的任何方法。

假設與限制 (Constraints)

1. 洞察力：企業從混沌不明的環境中，預知市場未來產品需求的能力。

輸出 (Outputs)

1. 機會清單：經過尋找機會所得到的所有可能的機會描述，機會清單也可以稱爲產品問題清單或是客戶需求清單，產品機會以客戶需求說明 (statement of customer needs) 的方式呈現時，其內容應該符合 4C 的要求：(1) 客戶用語 (customer language)：以客戶的語言表達；(2) 清楚 (clear)：容易了解；(3) 簡潔 (concise)：沒有不需要的贅字；(4) 使用場合 (contextually specific)：說明產品使用的環境或時機。客戶需求數量一般約在 10 到 12 個之間，技術機會也應控制在 10 到 12 個之間。

10.3 建立提案 (Developing proposal)

建立提案是將所發現的問題和所找到的機會，作成初步的提案概念書，以作爲後續效益評估的依據。提案內容通常包括每個機會和每個問題的可能成本、可能時程、資源需求、技術需求、可能風險、市場狀況等等。當然這個時候的所有估計都是概略性的，無法做出精確的估計，只能做出級數估計 (order of magnitude)，也就是十的幾次方的估計。不過還是要盡可能的做出誤差比較小的估計，否則會造成評估效益時的錯誤，也就是選到不該選的提案，反而漏掉應該選的提案，最後投入資源執行專案後，才發現效益不如預期，造成企業資源的浪費。尤其是最應該解決的問題沒有被解決，最應該創造的機會沒有被創造，企業錯失提升競爭優勢的時機，才是企業最大的損失。圖 10.5 爲建立提案的方法。

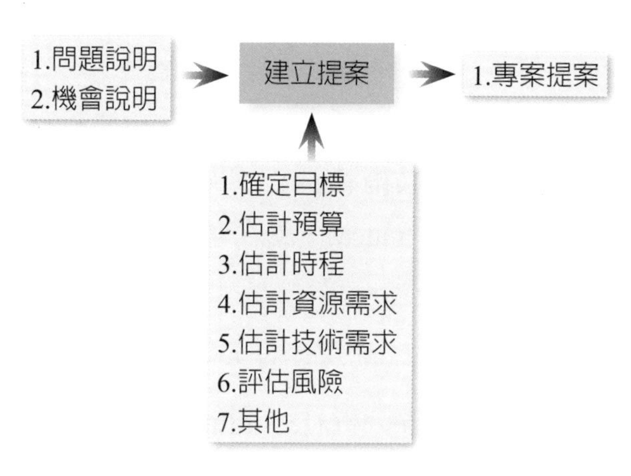

圖 10.5　建立提案的方法

輸入 (Inputs)

1. 問題說明：詳細請參閱發現問題。
2. 機會說明：詳細請參閱尋找機會。

方法 (Mechanisms)

1. 確定目標：確定每一個問題和機會的目標。

2. 估計預算：估計每一個問題和機會的所需成本。
3. 估計時程：估計解決每一個問題和創造每一個機會的所需時程。
4. 估計資源需求：估計每一個問題和機會所需投入的資源。
5. 估計技術需求：分析每一個問題和機會的技術需求。
6. 評估風險：評估每一個問題和機會的可能風險。
7. 其他：其他需要評估的事項。

假設與限制 (Constraints)

輸出 (Outputs)

1. 專案提案：每一個問題和機會所做成的專案提案 (proposal)。內容包括：問題和機會的描述 (why)、問題和機會的目標 (what)、問題和機會需要的的技術 (how)、問題和機會的時程 (when)、可交付成果、預算 (how much)、風險等等。

10.4 分析效益 (Analyzing benefit)

效益分析又稱爲可行性分析 (feasibility study)，它是評估前面所發現的問題和所找到的機會，是否值得企業投入資源予以執行。這個階段只是單純的考量提案的效益，包括經濟效益 (經濟可行性) 和非經濟效益 (非經濟可行性)，並不考慮企業的資源是否足夠。效益分析是根據專案提案的粗略估計進行評估，因此不無造成誤判的可能，甚至日後執行時追加好幾倍成本的現象時有發生。爲了避免這種狀況的發生，參考歷史資料、配合專家意見，應該可以減少錯誤的發生。效益分析也可以看成是分析提案的有形效益和無形效益。有形效益是指提案是否可以產生財務上的獲利，無形效益則是指提案是否有財務以外的效益。經濟效益最完整的分析，需要考慮到的因素包括利率、通貨膨脹率、折舊、稅等。圖 10.6 爲分析效益的方法。

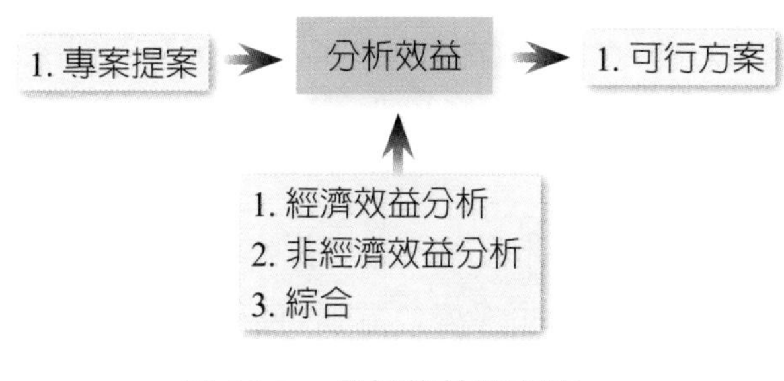

圖 10.6　分析效益的方法

輸入 (Inputs)

1. 專案提案：詳細請參閱建立提案。

方法 (Mechanisms)

1. 經濟效益分析：分析提案的經濟效益，使用的方法包括：淨現值 (NPV, net present value)、內部報酬率法 (IRR, internal rate of return)、回收期 (payback period)。一般建議三個方法同時使用，再進行提案的比較，每個方法可以設定門檻值，沒有跨過門檻的提案就被剔除。
   (1) 淨現值是計算專案估計期間之所有現金流量的現在價值。
   (2) 內部報酬率法是計算淨現值爲 0 時的利率。
   (3) 回收期是計算淨現值開始由負轉正的年分。
2. 非經濟效益分析：分析提案的非經濟效益或非經濟可行性，一般會納入考量的因素包括：管理可行性、政治可行性、環境可行性、市場可行性、技術可行性、融資可行性、安全可行性、社會可行性、文化可行性等等。非經濟效益分析最簡便的方法是評分法，也就是依專案的特性，挑選需要評估的非經濟項目，如果彼此有權重，就加上權重，然後對每個專案在每一個項目上的表現打分數，分數乘上權重，所有項目加總就得到每一個專案的總分，比較總分就可以分出提案的優劣。

3. 綜合：綜合經濟效益分析和非經濟效益分析的結果，可以得到四種可能：
   (1) 經濟效益可行／非經濟效益可行：提案可行。
   (2) 經濟效益可行／非經濟效益不可行：非經濟項目如果是會汙染環境等之違法情況，提案就不可行，否則由決策者判定可不可行。
   (3) 經濟效益不可行／非經濟效益可行：決策者判定可不可行。
   (4) 經濟效益不可行／非經濟效益不可行：提案不可行。

假設與限制 (Constraints)

輸出 (Outputs)

1. 可行方案：經過經濟效益分析和非經濟效益分析之後，可行的所有方案的名單。

10.5 管理組合 (Managing portfolio)

管理組合是確認、評估、選擇、排序、平衡和授權可以解決問題或創造機會的方案，以確保極大化整體組合的效益，達成企業預定的策略目標。組合管理內可能包括有：(1) 另一個組合：由大型專案和專案所組成，(2) 大型專案：由大型專案和專案所組成，和 (3) 專案。組合管理代表企業的投資決策和行動，所以必須符合企業的策略目標，必須可以量化衡量他們對企業的貢獻，而且組合內的組成通常可以按照某些特性加以分類，例如：風險高低和回收大小、長期效益或短期效益等。本書主要探討上面三種組合管理中的專案的管理，至於大型專案的管理請參閱《大型專案管理知識體系》。圖 10.7 爲管理組合的方法。

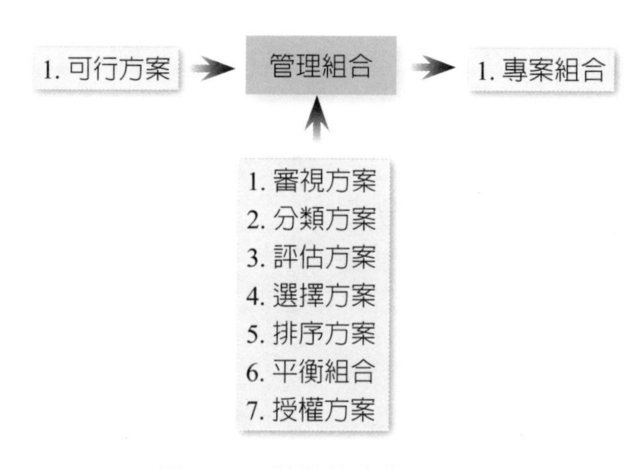

圖 10.7　管理組合的方法

輸入 (Inputs)

1. 可行方案：所有通過效益分析之後的可行方案。

方法 (Mechanisms)

1. 審視方案：確認方案是否符合企業的策略目標，資源需求、期程，對效益實現的貢獻、風險大小和緊急程度等。最後分別產出一個合格和不合格的方案清單。
2. 分類方案：將合格的方案清單進行分類，類別可以是提高獲利、降低風險、增加效率、符合法規、提高市占率、流程改善、IT 升級等等。無法歸類的方案由組合管理團隊決定是否繼續保留做後續評估。
3. 評估方案：蒐集每個方案的相關定量或定性資料，然後設定評估標準和權重，再對每個方案進行在每個標準的表現評分，分數乘上權重。加總所有標準的分數，就是該方案的綜合表現。評估標準可以是財務面、法規面、市場面、技術面或人力資源面等等。最後再利用圖表配合門檻值，呈現所有方案的表現，以方便進行組合決策。表 10.1 爲評分法範例。

表 10.1　評分法範例

評估標準	權重	評分等級					分數	權重 x 分數
		很低	低	中等	高	很高		
A	0.3	1	3	5	7	9	7	2.1
B	0.2	1	3	5	7	9	5	1.0
C	0.5	1	3	5	7	9	9	4.5
							總分	7.6

4. 選擇方案：根據資源產能，例如：人力和設備等，以及財務能力等的限制，再配合方案評估的結果進行選擇。
5. 排序方案：將選擇好的所有方案，進行兩兩比較，依照贏的次數由多到少排序。如果排序標準有好幾個，可以根據每個方案在每個標準的表現排序，最後平均所有標準的排序，就是方案的順序。
6. 平衡組合：在希望以最小的投資達成極大化組合效益的目標下，進行組合內所有方案的風險和收益、長期和短期等的平衡取捨。方法包括：(1) 成本收益分析，如淨現值 (NPV, net present value)，內部報酬率法 (IRR, internal rate of return) 和回收期 (PB, payback period) 等。(2) 情境分析：根據一些假設，分析各種組合的可能結果。(3) 機率分析：利用決策樹和蒙地卡羅模擬等方法，分析方案成功或失敗的成本和收益等。(4) 圖形分析：使用圖形，例如：泡泡圖 (bubble chart) 來目視和比較組合內的方案。如圖 10.8 所示，其中泡泡大小代表專案成本。平衡組合的最後就是獲得核准納入組合的所有方案清單，如果之後組合有任何變動，組合管理團隊必須向關係人說明原因，以及異動對達成企業策略目標的影響。

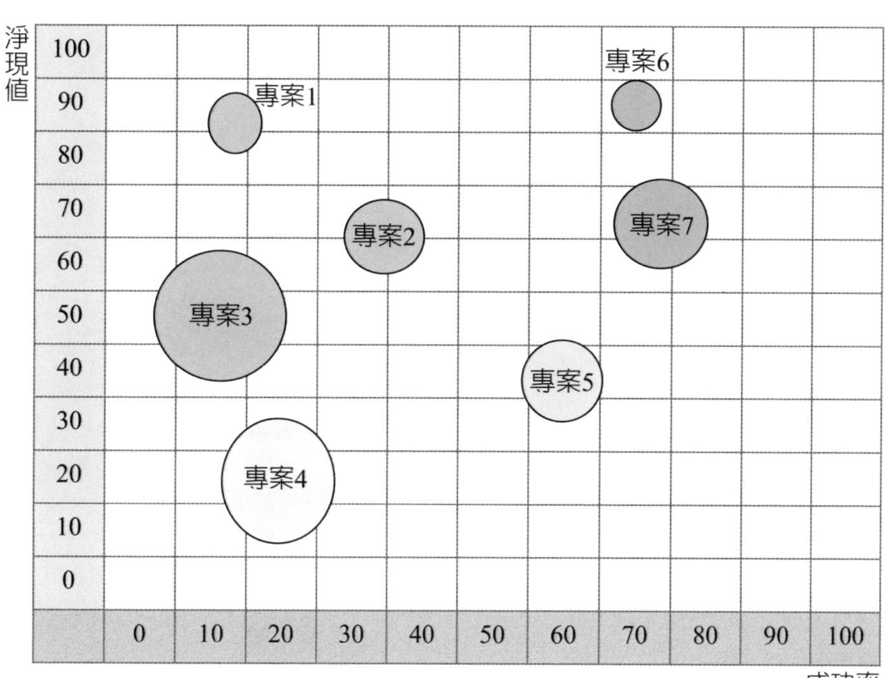

圖 10.8　泡泡圖

7. 授權方案：正式指派資源進行方案的緣由 (business case) 制定，說明爲何需要執行這個專案。

假設與限制 (Constraints)

輸出 (Outputs)

1. 專案組合：所有納入專案組合的入選專案，這些專案是此時此刻的企業資源可以同時執行的專案。

Chapter 11

發起專案(Initiating a project)

發起專案是依序發起被篩選進入組合管理中的所有專案，發起順序在組合管理階段或許已經決定，但是也可以根據實際狀況改變順序。發起專案階段應該至少要：(1) 確定專案緣由、(2) 確定發起人、(3) 確定專案經理和 (4) 確定主要專案關係人。專案經理接到授權書之後，首先要做的是了解專案，包括授權書的內容、專案用到的技術、專案所屬的產業等等。接著可以設定一個專案的願景 (vision)，因為願景可以鼓舞人心、激勵士氣。再來專案經理和專案管理團隊溝通授權書，確保每個人都知道專案的範圍、時程和預算等。最後審視發起專案查檢表 (project initiation checklist)，確定所有動作都已經完成。發起的流程架構如圖 11.1 所示之左下角藍色背景部分，執行步驟如圖 11.2。

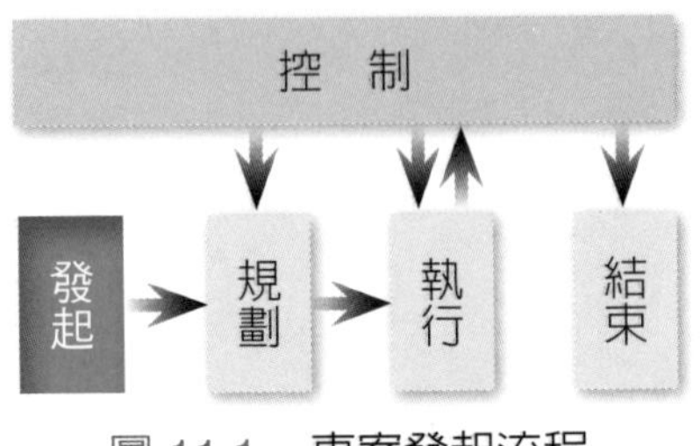

圖 11.1　專案發起流程

11.1 發起專案 (Initiate a project)

發起專案是在完成組合管理的篩選決策之後，對組合內的專案依序進行啓動的動作。首先爲每一個專案在高層指派一個位階高於專案經理的發起人 (project sponsor)，作爲高層與專案的窗口，他的責任是監督和支援該專案。監督是指定期監督專案的方向和績效，支援是指在必要的時候，協助專案追加資源或是協調問題。發起人也可能是該專案最初的提案人，因爲他之前認知到某一個問題或是機會，值得組織去投入資源產生效益，因此多方說服，如今終於成案，現在順理成章擔任該專案的發起人。發起人必須綜合了解專案的來龍去脈，制定一份專案授權書 (project charter)，交給一位經驗、資歷、意願、時間等都適合該專案的專案經理，授權這位專案經理借調組織內部各部門的資源來達成專案的目標，包括人力和各種設備等。專案經理收到授權書之後，要深入了解授權書的內容，特別是專案的目標 (objectives)，然後開始組織專案需要的管理團隊，包括小組負責人，專案經理再帶領小組負責人一起研究授權書的內容。最後在適當的時間，邀請專案相關部門的參與人員，召開專案的啓動會議 (kick off meeting)，請重要專案發起人列席，專案經理在會議中，介紹成員及說明專案的內容。圖 11.3 爲發起專案的方法。

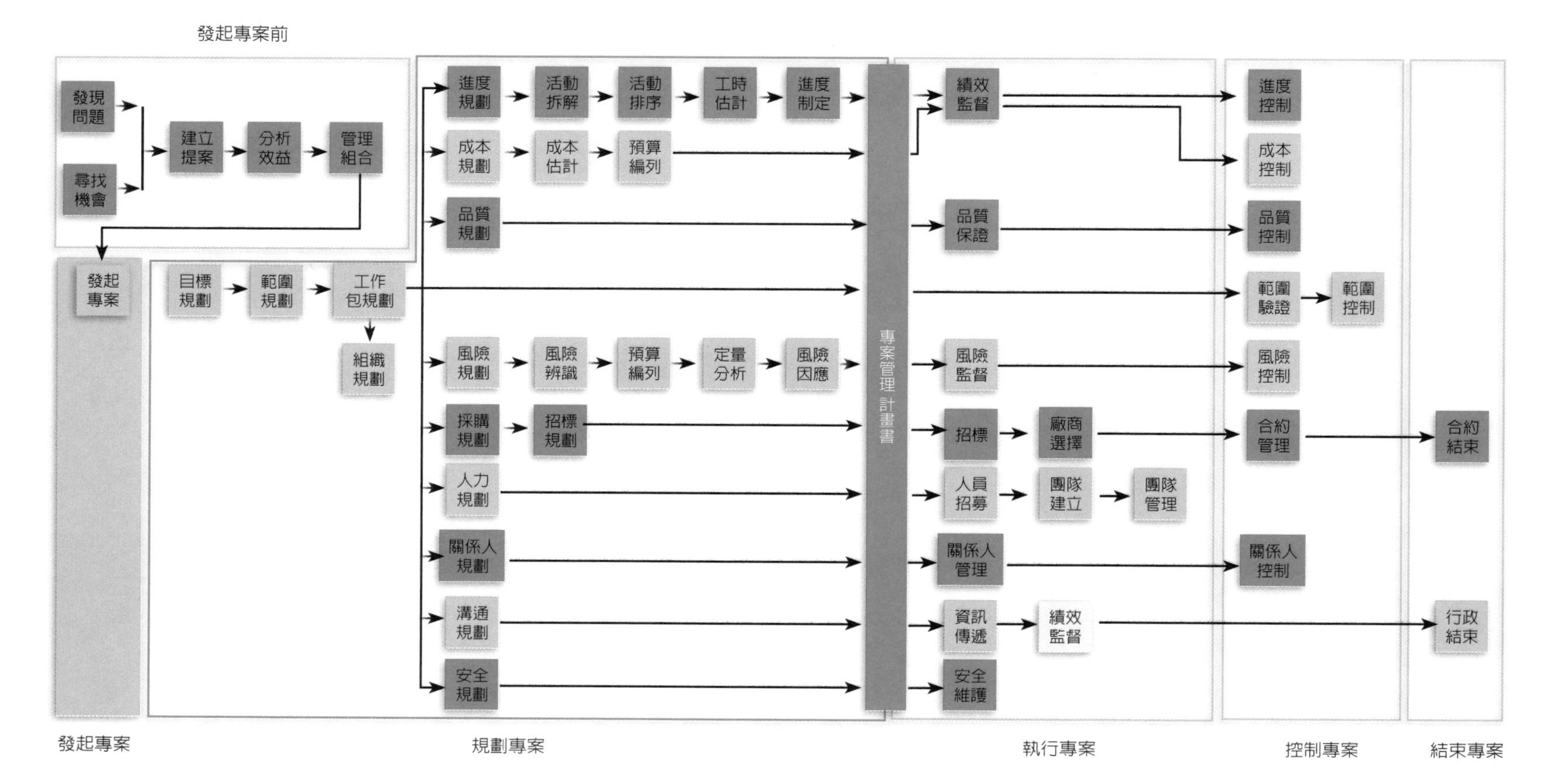
發起專案前
發現問題
尋找機會
建立提案
分析效益
管理組合
發起專案
目標規劃
範圍規劃
工作包規劃
組織規劃
進度規劃
活動拆解
活動排序
工時估計
進度制定
成本規劃
成本估計
預算編列
品質規劃
風險規劃
風險辨識
預算編列
定量分析
風險因應
採購規劃
招標規劃
人力規劃
關係人規劃
溝通規劃
安全規劃
專案管理計畫書
績效監督
品質保證
風險監督
招標
廠商選擇
人員招募
團隊建立
團隊管理
關係人管理
資訊傳遞
績效監督
安全維護
進度控制
成本控制
品質控制
範圍驗證
範圍控制
風險控制
合約管理
關係人控制
合約結束
行政結束
發起專案
規劃專案
執行專案
控制專案
結束專案

圖 11.2　發起專案步驟

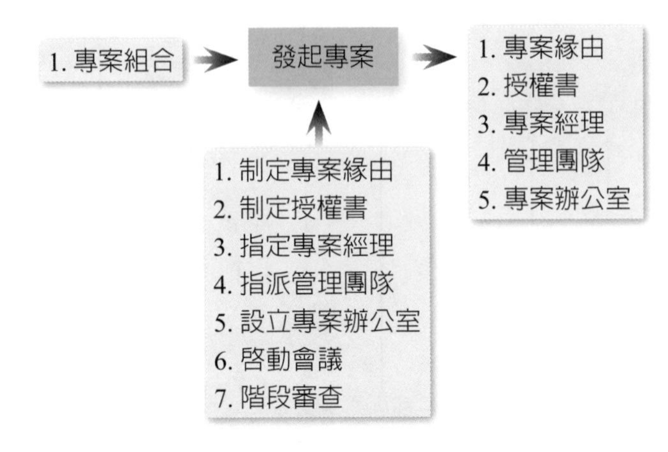

圖 11.3　發起專案的方法

輸入 (Inputs)

1. 專案組合：詳細請參閱組合管理。

方法 (Mechanisms)

1. 制定專案緣由：發起人制定專案緣由。
2. 制定授權書：發起人制定授權書，授權專案經理可以借調企業內部的任何資源。
3. 指定專案經理：針對專案的特性，選派經驗、背景、經歷和意願都適合的人選擔任專案的專案經理。
4. 指派管理團隊：指派適合的團隊管理專案。
5. 設立專案辦公室：選定適合的場所作爲該專案的辦公室。
6. 啓動會議：專案的第一次會議，參加者包括發起人，專案經理、專案成員，客戶、主要關係人等。會中介紹專案的成員、每個人的角色，以及說明專案的目的、目標、範圍、限制、里程碑等。
7. 階段審查：使用專案發起查檢表來確認各項工作的完備與否。

假設與限制 (Constraints)

輸出 (Outputs)

1. 專案緣由：說明為何需要執行該專案的理由文件，內容包括：摘要 (建議、結果、待作決策)、緒論 (商業動力、範圍、財務指標)、分析 (假設、現金流量、成本、效益、風險、策略選擇、機會成本)、結論 (建議、後續行動) 和附件等。
2. 授權書：授權專案經理借調部門資源的文件，內容包括專案名稱、專案經理、授權等級 (通常是人事和財務)、專案目的、專案目標、專案產品、專案緣由、專案範圍、專案風險、管理審查時機等，發起人簽名和日期等。
3. 專案經理：指派負責該專案的專案經理。
4. 管理團隊：指派管理該專案的團隊。
5. 專案辦公室 (project office)：成立專案專用的辦公室，以方便專案人員的集中辦公、開會和資料保存，更可以創造專案人員的歸屬感。

Date _____/_____/_____

Chapter 12

規劃專案 (Planning a project)

規劃專案是規劃一個可以達成授權書上的專案目標的專案計畫書 (project plan)，或稱爲專案管理計畫書 (project management plan)。一個完整的專案計畫書包括：進度計畫、成本計畫、品質計畫、範圍計畫、風險計畫、採購計畫、人力計畫、溝通計畫等。但是也可以依照專案的特性，省略不需要的計畫。規劃專案的主要關鍵步驟包括：(1) 確定發起人；(2) 確定關係人；(3) 了解發起人期望和需求；(4) 了解關係人期望和需求；(5) 根據需求和期望建立範圍基準、進度基準和成本基準；(6) 排序發起人和關係人需求，建立專案目標；(7) 確定可交付成果 (deliverables)、里程碑；(8) 排序完成可交付成果的工作順序、工時、資源需求、負責人等；(9) 劃出工作甘特圖 (Gannt chart)；(10) 確認議題 (issues)，例如：旺季；(11) 分析風險 (risks)；(12) 向發起人及關係人報告計畫書等。上面的描述也可以濃縮成爲：(1) 確定專案目標、(2) 定義可交付成果、(3) 發展專案排程和 (4) 制定其他輔助計畫，例如：人力計畫、溝通計畫、風險計畫等。根據專案的大小和特性，專案規劃的分工也不一樣，基本上是由專案經理統籌，專案成員協助規劃，專案經理負所有責任。專案成員參與規劃的好處，是可以提高成員的向心和投入，因爲人性上都希望自己參與規劃的專案能夠成功。關係人特別是客戶和主要關係人，如果能夠參與專案的規劃，可以立即確認需求是否已經被納入到計畫書當中，避免執行過程的專案變更。專案是未來的投入，規劃的時候當然無法考慮到所有可能的變化，因此中途的變更在所難免，但是如果執行過程變更頻繁，也某種程度代表專案團隊的考慮不周全，直接影響專案經理的專業形象。雖然變更無可避免，但是如果花很多時間進行規劃，是否就可以降低變更的次數，這個可能性還是很低，所以專案團隊花在規劃的時間，必須恰到好處，不會太多或太少，也就是專案計畫書的詳細度要剛剛好，不會太粗糙也不會太瑣碎。圖 12.1 爲規劃專案的流程，圖 12.2 爲規劃專案的步驟。

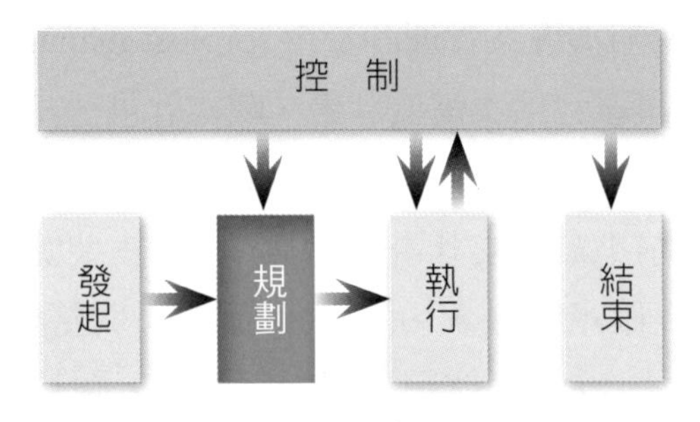

圖 12.1 規劃專案的流程

12.1 目標規劃 (Objective planning)

規劃專案的首要工作是確定專案的目標 (objective)，專案目標是專案希望達到的結果，它必須符合時間、預算和品質的要求。專案目標可以只是一個或是有好幾個，而且要在專案生命週期的初期，也就是規劃階段就定義清楚。授權書上面或許有簡要說明專案的目標，不過詳細的專案目標在規劃階段才會定義得更爲明確。一個清楚明確的專案目標，必須符合 SMART 的原則要求，也就是目標

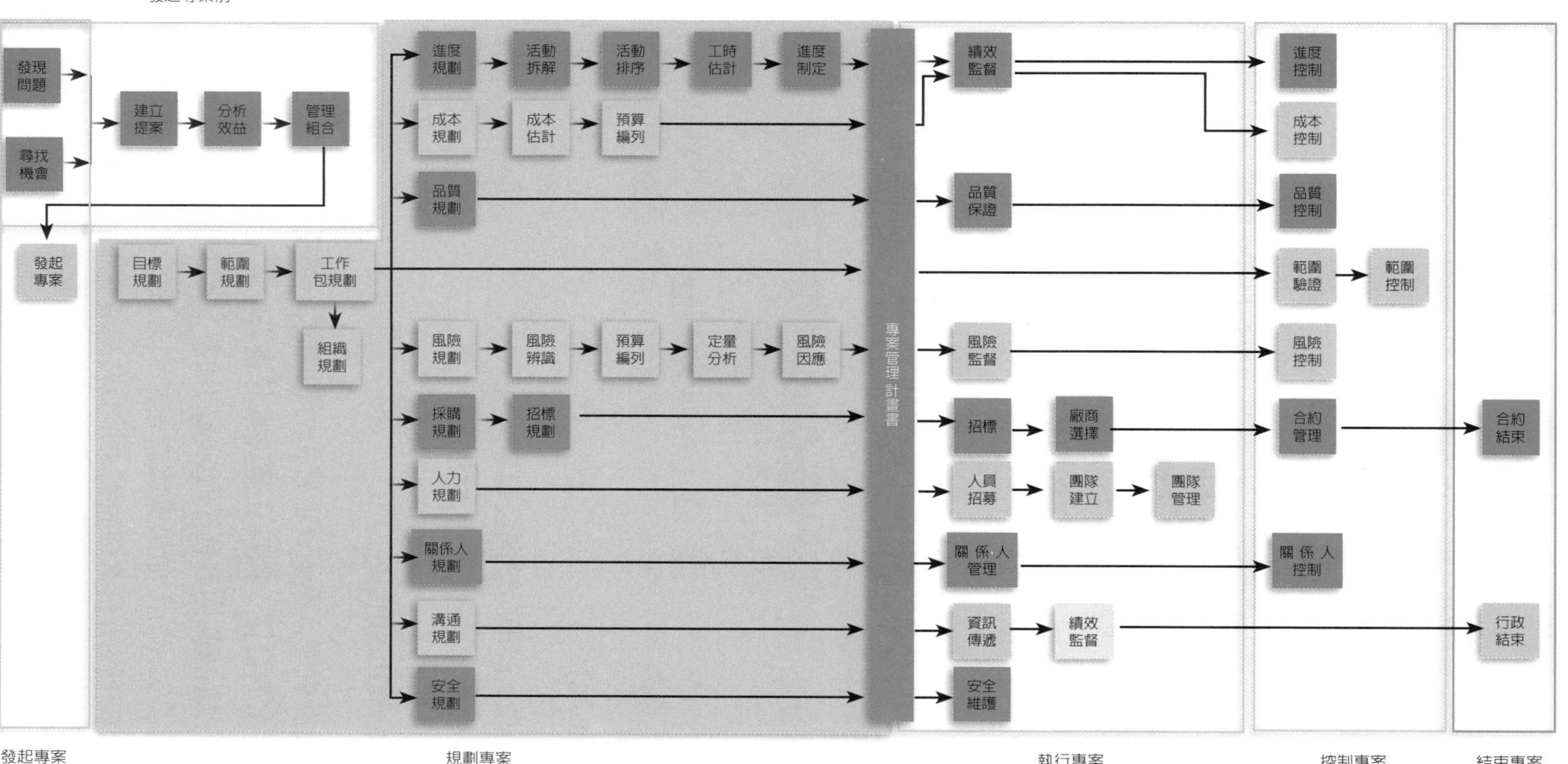
發起專案前
發現問題
尋找機會
建立提案
分析效益
管理組合
發起專案
目標規劃
範圍規劃
工作包規劃
組織規劃
進度規劃
活動拆解
活動排序
工時估計
進度制定
成本規劃
成本估計
預算編列
品質規劃
風險規劃
風險辨識
預算編列
定量分析
風險因應
採購規劃
招標規劃
人力規劃
關係人規劃
溝通規劃
安全規劃
專案管理計畫書
績效監督
品質保證
風險監督
招標
廠商選擇
人員招募
團隊建立
團隊管理
關係人管理
資訊傳遞
績效監督
安全維護
進度控制
成本控制
品質控制
範圍驗證
範圍控制
風險控制
合約管理
關係人控制
合約結束
行政結束
發起專案
規劃專案
執行專案
控制專案
結束專案

圖 12.2　規劃專案步驟

要明確 (specific)、可衡量 (measurable)、可達成 (achievable)、實際 (realistic)、有時間限制 (time-bound)。這樣的目標才可以聚焦專案團隊的力量，提高完成專案的機率。專案目標可以分為硬性目標和軟性目標，硬性目標是指和進度、成本、品質和範圍有關的目標；軟性目標則是和客戶滿意度、關係人滿意度等等有關的目標。目標無法定義清楚的專案稱為複雜專案 (complex project)，這個時候必須使用和一般專案不同的管理方法，詳細請參閱《複雜專案管理知識體系》一書。圖 12.3 為目標規劃的方法。

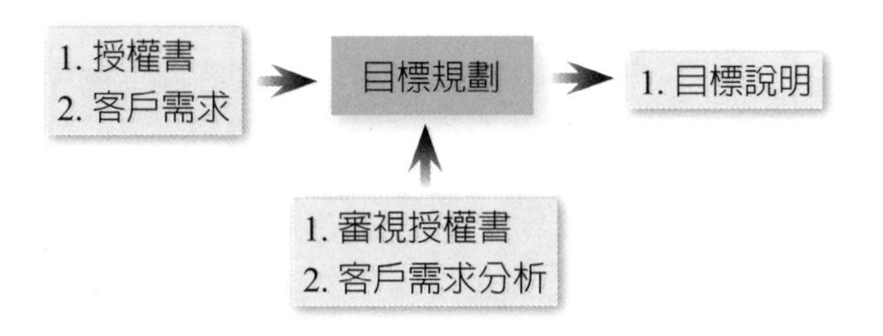

圖 12.3　目標規劃的方法

輸入 (Inputs)

1. 授權書：詳細請參閱發起專案。
2. 客戶需求：外部客戶的需求。

方法 (Mechanisms)

1. 審視授權書：專案經理帶領管理團隊了解授權書的內容，特別是專案的目標，因為它是專案計畫書的制定依據。如果專案經理對授權書的內容有任何疑慮的地方，應該和發起人說明清楚。
2. 客戶需求分析：如果專案有牽涉到外部的客戶，專案經理要帶領管理團隊分析客戶的需求，以及達成需求的方法。

假設與限制 (Constraints)

輸出 (Outputs)

1. 目標說明：有關專案最後希望達成的目標說明 (objective statement)，它必須符合 SMART 的要求，企業專案的目標大致上屬於以下的其中一種，提高獲利、降低成本、增加效率、提高生產力、改善決策、改善客戶經驗、提高品牌形象、發展客戶關係、改善企業流程、提高經營效率、改善資料品質、提高整合程度、降低環境影響、組織文化改造、提升員工能力、改善產品品質、提高產品效能等等。例如：六個月內降低生產不良率 5%。

12.2 範圍規劃 (Scope planning)

範圍規劃是確認達成專案目標所需要執行的所有工作，達成專案目標的方法通常可以有好幾種，不過一旦方法決定之後，專案範圍也就可以確定下來。方法的選擇通常和專案策略、成本考量、困難度或是相關技術等等有關。舉例來說，假設目標是五年後累積 2,000 萬的財富，達成方法可以是投資股票、投資期貨、房地產買賣，自行創業等等。如果最後決定的方法是自行創業，那麼專案範圍就是在五年內所需要執行的，而且和自行創業有關的工作。再舉一個例子，如果專案目標是選上市長，那麼專案範圍就是那些需要做才能選上市長的事情，所有這些需要執行的工作的總和就是專案範圍。從專案目標展開成專案範圍的過程，通常需要和該專案有關的專業背景知識和經驗。制定專案範圍時的一個重點，是範圍說明裡面除了必須要做的工作範圍之外，還必須說明不需要做的工作範圍，以避免執行不該執行的工作，這在營建工程領域稱爲除外工程。最後，專案的範圍管理是不能多做也不能少做，因爲多做是浪費，少做則不能達成目標。所以如果在專案執行過程，因爲範圍管制不當讓專案範圍愈來愈多的現象稱爲範圍潛變 (scope creep)。簡而言之，範圍是工作數量，品質則是工作質量。圖 12.4 爲範圍規劃的方法。

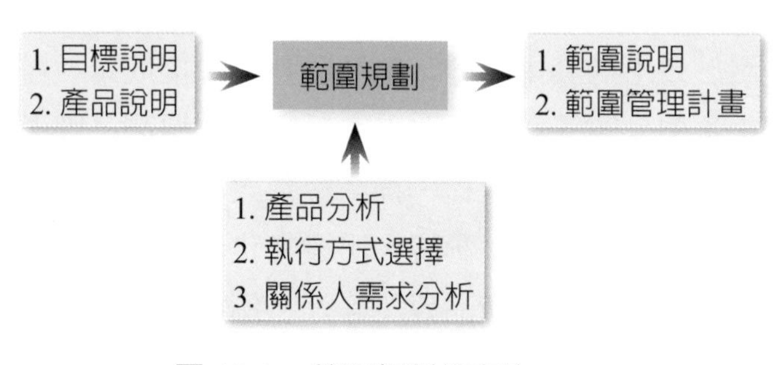

圖 12.4 範圍規劃的方法

輸入 (Inputs)

1. 目標說明：詳細請參閱目標規劃。
2. 產品說明：如果專案的產出是產品，那麼詳細的產品說明有助於專案範圍的確認。

方法 (Mechanisms)

1. 產品分析：分析專案產品的系統、子系統和元件的設計、製造和組裝，可以協助確認專案的範圍。
2. 執行方式選擇：達成專案目標的方法通常不只一個，因此當選擇了某一個執行方法之後，專案範圍就可以大致確定。
3. 關係人需求分析：分析主要關係人的需求，可以了解如果要滿足關係人的需求，必須包含哪些額外範圍，也就是必須再做哪些事情。

假設與限制 (Constraints)

輸出 (Outputs)

1. 範圍說明：有關達成專案目標必須執行的所有事項的說明，範圍說明 (scope statement) 必須說明要做的和不需要做的事項，其中不需要做的事項在營建領域特別稱爲除外工程。
2. 範圍管理計畫：有關專案範圍的制定、執行、驗收和變更的管理計畫。

12.3 工作分解結構規劃 (WBS planning)

工作分解結構規劃是將專案範圍由上往下進行產出分解的過程，也就是將比較大的專案範圍，層層拆解到可以進行成本估計、時間估計、人員指派和管理控制的層級。究竟拆解到第幾層才是最適合，視專案而定並沒有一個明確的標準。拆解完成的架構稱爲工作分解結構 (WBS, work breakdown structure)，最底層稱爲工作包 (work package)，它們是專案必須產出的可交付成果 (deliverables)。每一個工作包會指派給一個小組負責，稱爲管制帳戶 (control account)，所以專案績效報告的會議，就是由這些工作包負責人向專案經理報告。工作分解結構有兩種由上往下的拆解方式，分別是：(1) 流程導向式 (process oriented) 拆解和 (2) 產品導向式 (product oriented) 拆解。流程導向式是指拆解的時候，由左往右、由上往下依序拆解，過程有考慮到專案執行的先後順序；產品導向式拆解則是過程沒有考慮到專案執行的先後順序。因爲規劃階段最後必須完成一個專案進度計畫 (project schedule plan)，因此，此時先以流程導向式考慮執行的順序，應該是比較好的拆解分式。如果因爲專案總期程比較長或是不確定性比較高，專案無法一次規劃清楚，專案團隊決定以滾浪式的方式進行規劃，也就是專案的前期規劃詳細，中後期規劃粗略，此時會出現前期的範圍可以拆解到工作包，後期的範圍無法拆解到工作包。例如：專案的中期範圍只能拆解到工作包的上一層，後期的範圍只能拆解到工作包的上二層。中後期拆解出來的稱爲規劃包 (planning package)，等專案前期結束進入中期，因爲中期不確定性減少了，可以將中期的規劃包拆解成工作包。同樣，專案中期結束進入後期，因爲後期不確定性減少了，可以將後期的規劃包拆解成工作包。所以工作包和規劃包的差異，在於工作包已經詳細到可以投入資源進行排程，規劃包則是不夠詳細，無法投入資源進行排程。WBS 上的工作包可以作成 WBS 辭典，以說明工作包的相關事項，方便負責小組參閱。範圍說明、WBS 和 WBS 辭典合起來稱爲範圍基準 (scope baseline)，它是專案執行的範圍依據，也是專案範圍績效衡量的基準。圖 12.5 爲 WBS 規劃的方法。

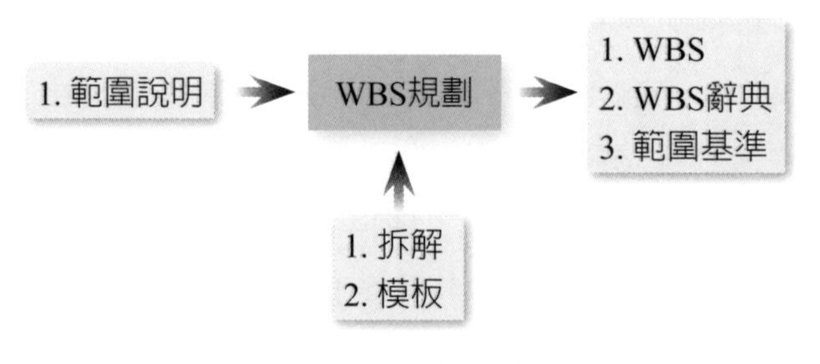

圖 12.5　WBS 規劃的方法

輸入 (Inputs)

1. 範圍說明：詳細請參閱範圍規劃。

方法 (Mechanisms)

1. 拆解：從範圍說明分類往下拆解到工作包，如果是採用滾浪式規劃，則前面階段拆解到工作包，後面階段拆解到規劃包。

2. 模板：如果企業已經執行過類似的專案，則可以利用過去拆解過的模板。

假設與限制 (Constraints)

輸出 (Outputs)

1. WBS：拆解完成的工作分解結構。
2. WBS 辭典：說明 WBS 中每一個工作包項目的執行方式、所需時間、成本、資源需求、前面及後面活動等的文件。圖 12.6 爲 WBS 辭典。
3. 範圍基準：專案範圍的執行依據，包括範圍說明、WBS 和 WBS 辭典。

WBS 編碼 Code 3.2.1	工作 原型測試	工期 10 天
輸入 Goo 必須符合a 測試計畫	說明 Goo 原型測試	輸出 專案經理簽署測試報告
負責人 林大同	假設及限制 最終設計1月1日前完成	資源需求 2個資深品保/測試工程師

圖 12.6　WBS 辭典範例

12.4 組織分解結構規劃 (OBS planning)

組織規劃是根據 WBS 的架構，指派適當的人員負責專案範圍所向下展開的各個層級項目，一直到工作包的負責小組。這樣所形成的人員組織架構稱爲組織分解結構 (OBS, organization breakdown structure)，OBS 基本上是把 WBS 架構的每一個層級項目，以人員替代所形成的結構，因此 OBS 和 WBS 兩者是一對一的關係，架構形式上一模一樣。如果把 OBS 轉 90 度平放在左邊，把 WBS 垂直立放在上面，就會形成一個二維的責任指派矩陣 (RAM, responsibility assignment matrix)，可以表達哪個工作包由哪個小組負責。OBS 架構的專案人員有些可能是全職，有些可能只是兼職。具體的說，這些成員就是專案經理透過授權書從各部門借調過來的人員。專案的責任指派也可以使用 RACI (responsible, accountable, consulted, informed) 模式表示，如表 12.1 所示。圖 12.7 說明組織規劃的方法。

表 12.1　RACI

	小陳	小李	小張	小趙
決定主題	R	I	A	C
準備名單	A	R	C	I
安排場地	C	A	I	R
安排接送	I	C	R	A

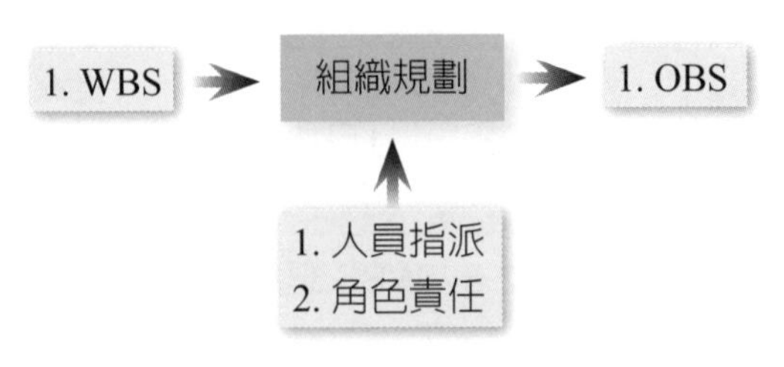

圖 12.7　組織規劃的方法

輸入 (Inputs)

1. WBS：詳細請參閱工作分解結構規劃。

方法 (Mechanisms)

1. 人員指派：指派適合的人員負責 WBS 上的每一個項目，一直到工作包，人員指派除了考慮專長、背景、經歷之外，還應該考慮成員的人格特質平衡。
2. 角色責任：每個成員的角色、責任和報告關係，如 RACI 矩陣。

假設與限制 (Constraints)

輸出 (Outputs)

1. OBS：專案由專案經理到工作包負責人的組織分解結構，OBS 和 WBS 外觀完全一樣，只是 WBS 是完成品，OBS 是負責人。

12.5 進度規劃 (Schedule planning)

進度規劃是規劃專案進度的制定、監督、變更和控制的流程，包括決定活動的拆解方式、工時的估計方式、排程的制定方式，以及進度基準 (schedule baseline) 的制定、變更和控制流程。專案如果期程較長，或是不確定性比較高時，可以採用滾浪式規劃的排程方式，也就是專案前期詳細規劃到工作包，後期粗略規劃到規劃包，等執行到前期結束後，再將後期粗略的規劃包，進一步規劃成詳細的工作包。這裡的前後期只是概念性的說明，如果需要，也可以分成前、中、後期進行規劃。進度規劃步驟只是規劃專案進度如何制定的流程和架構，後續每個步驟要根據這樣的架構進行規劃，所以整個專案管理計畫會在進度管理的最後一個步驟才完成。圖 12.8 爲進度規劃的方法。

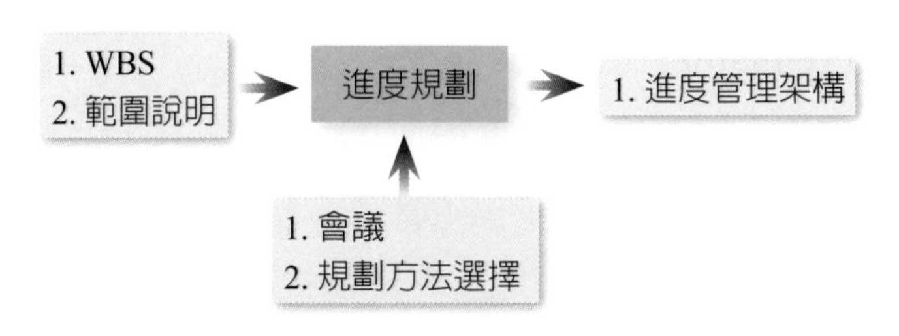

圖 12.8　進度規劃的方法

輸入 (Inputs)

1. WBS：詳細請參閱工作分解結構規劃。
2. 範圍說明：詳細請參閱範圍規劃。

方法 (Mechanisms)

1. 會議：召開進度規劃的會議，成員包括發起人、專案經理、專案成員、關係人等。
2. 規劃方法選擇：決定專案進度的規劃方式，包括是採用滾浪式規劃還是一次式規劃、活動工時如何估計、專案進度如何排定等。

假設與限制 (Constraints)

輸出 (Outputs)

1. 進度管理架構：說明專案活動如何拆解、順序如何排定、工時如何估計、進度如何制訂、進度如何監督、進度變更如何控制等的管理架構。

12.6 活動定義 (Activity definition)

活動定義是把每個要完成的工作包，交由負責的小組，往下拆解成需要執行的活動 (activity)，也就是確認要執行哪些工作，才能產出每個工作包。工作包需要執行的活動，會隨著經驗或是技術和設備的不同而不同。這也是為什麼 WBS 的最底層是工作包而不是活動的原因，因為產出工作包的方法可能很多，沒有必要硬性規定哪種方法才是最適合的，除非專案有特殊的考量，而且方法會隨著技術的進步而改變，所以 WBS 沒有展開到活動層級，只以工作包作為後續專案計畫制定的依據。如果執行專案的組織已經有運作該專案的經驗，那麼就會有現成的模板可以參考，活動拆解就會相對簡單。所有活動最後會排定成為專案的進度，例如：甘特圖 (Gantt chart)。圖 12.9 為活動定義的方法。

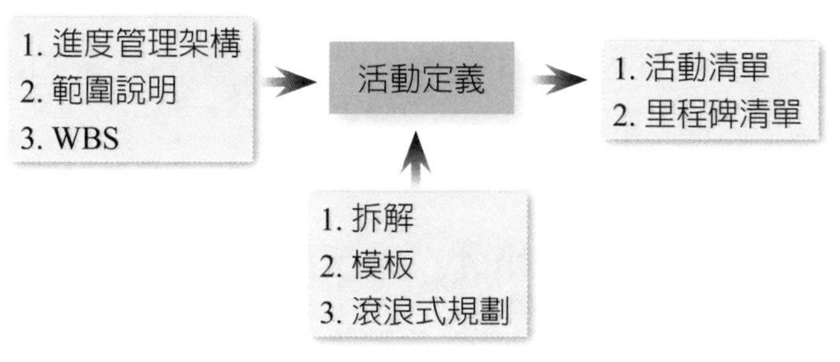

圖 12.9 活動定義的方法

輸入 (Inputs)

1. 進度管理架構：詳細請參閱進度規劃。
2. 範圍說明：詳細請參閱範圍規劃。
3. WBS：詳細請參閱工作分解結構規劃。

方法 (Mechanisms)

1. 拆解：將 WBS 最底層的工作包，交給負責小組往下拆解成需要做哪些事情才能產出工作包的活動。
2. 模板：如果有現成模板，負責小組可以參考使用。
3. 滾浪式規劃：如果專案是以滾浪式的方式規劃，那麼就將前期的工作包拆解成活動，前期結束後再將後期規劃包拆解成工作包，然後交給一個小組拆解成活動。

假設與限制 (Constraints)

輸出 (Outputs)

1. 活動清單：將所有工作包拆解出來的活動。
2. 里程碑清單：在所有活動中挑選若干個關鍵活動，將這些活動的完成時間作爲專案的里程碑，例如：醫藥開發專案的動物試驗成功、人體試驗成功等。

12.7 活動排序 (Activity sequencing)

活動排序是排定所有活動的執行順序，專案的執行一定是循序漸進，因此規劃時必須全盤考量，哪些活動之間有先後順序，哪些活動可以同時執行，活動之間的關係除了順序 (sequence) 之外，也稱爲相依 (dependence) 或邏輯 (logic)，這種關係有些是必然的，例如：建築設計完成，才可以開始施工。有些則是可以彈性選擇的，例如：蓋房子時的四面牆，哪一面牆先完成，哪一面牆後完成，都不會影響後續的屋頂灌漿。這種選擇性的關係通常是執行者的專業判斷，也就是根據他的經驗，某一個活動應該優先於另一個活動執行。除此之外，決定選擇性的關係時，要考慮到這樣的關係對後續活動有沒有什麼影響。例如：決定先完成某一面牆，會不會讓後續將大型機器高吊進入的作業無法進行。圖 12.10 爲活動排序的方法。

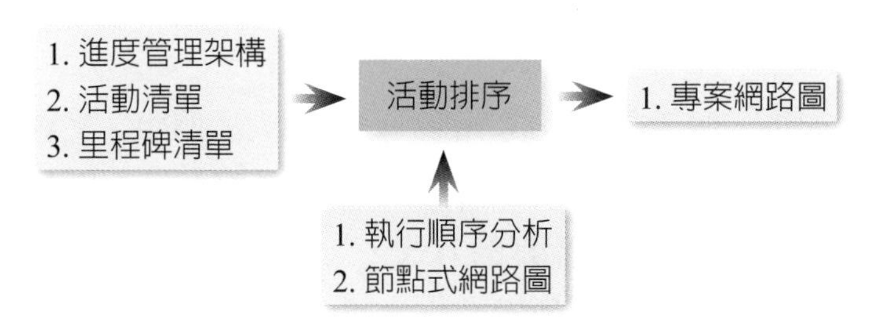

圖 12.10　活動排序的方法

輸入 (Inputs)

1. 進度管理架構：詳細請參閱進度規劃。
2. 活動清單：詳細請參閱活動定義。
3. 里程碑清單：詳細請參閱活動定義。

方法 (Mechanisms)

1. 執行順序分析：分析所有活動的執行順序，哪個活動必須在哪個活動後面執行，哪些活動可以同時進行。專案活動間之所以有執行順序，是因爲活動之間有以下幾種關係：
   (1) 強制相依：某個活動一定要在另一個活動結束後才能開始。
   (2) 自由相依：某個活動和另一個活動沒有強制的先後順序，自由相依通常是專業上判斷，但是以不影響後續活動爲原則。
   (3) 內部相依：某個活動和企業內部的另一個非專案活動有順序關係，例如：專案需要的機器，另一個專案正在使用。
   (4) 外部相依：某個活動和企業外部的另一個非專案活動有順序關係，例如：市政府審核通過才能動工。

(5) 提前：某個活動還沒有結束，後一個活動要提前一段時間開始。

(6) 後緩：某個活動結束之後一段時間，後一個活動才能開始。

如果一個活動的完成牽涉到好幾個人，例如：文宣製作，過程包括發出文宣工單、撰寫文稿、美工設計等分別是不同人負責時，此時可以用流程的方式，來表達文宣製作這個活動的完成流程，如圖 12.11 所示。

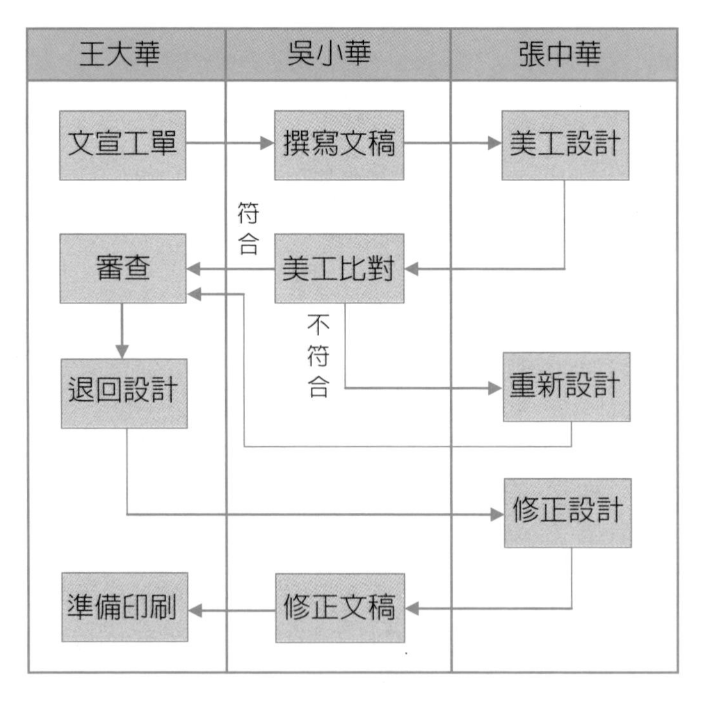

圖 12.11 活動完成流程

2. 節點式網路圖：綜合所有活動的順序關係，可以畫成節點式網路圖 (AON, activity on node)，節點代表活動，箭頭代表順序。節點式網路圖可以表達四種順序關係：

(1) FS (finish-to-start)：一個活動結束，另一個活動才能開始。
(2) FF (finish-to-finish)：一個活動結束，另一個活動才能結束。
(3) SF (start-to-finish)：一個活動開始，另一個活動才能結束。
(4) SS (start-to-start)：一個活動開始，另一個活動才能開始。

假設與限制 (Constraints)

輸出 (Outputs)

1. 專案網路圖：表達專案執行順序的網路圖，有了網路圖之後，可以在圖上分析浮時 (float)，找出要徑 (critical path)，這個階段還無法畫出甘特圖 (Gantt chart)，因爲活動工時還沒有估計出來。圖 12.12 爲專案節點式網路圖範例，其中英文代表活動名稱，數字代表工時。

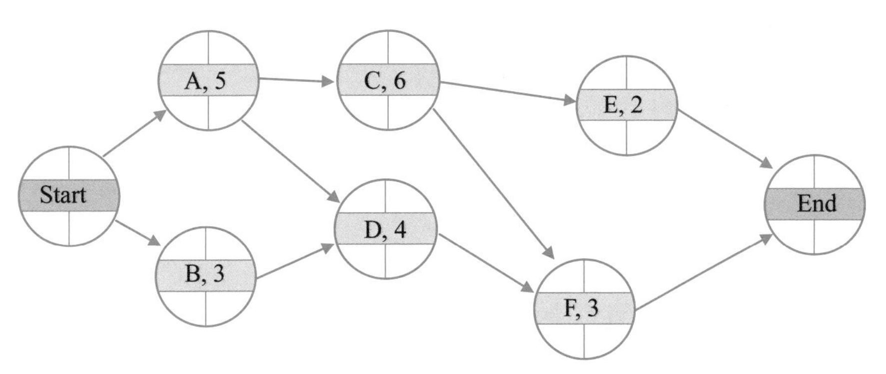

圖 12.12　專案節點網路圖範例

12.8 工時估計 (Duration estimation)

工時估計是估計完成每個活動所需要的工時，它可以是參考過去的專案、根據過去的經驗或是諮詢專家的判斷，活動不確定性低時通常使用一個時間進行估計；活動不確定性高時可以使用三個時間進行

估計 (樂觀、正常、悲觀)，這三個時間的散布程度愈大，代表活動的不確定性愈高。一般來說，歷史資料加上專家意見可以得到相當可靠的估計值。工時估計要避免過度保護自己，加了過多的安全時間，也要避免誇大自己的能力而低估工時。工時估計也可以加上精確度，來代表估計者對估計值的把握度，例如：高精確度 ±10%、中精確度 ±25%、低精確度 ±50%。某個時間估計值如果是 10±25%，代表最長 12.5，平均 12、最短 7.5。所以結果跟上面的三個時間估計類似，只是三個時間的估計比較著重在外在條件的配合程度，例如：如果天氣和材料供應順利，就會以樂觀時間完成；如果天氣不好、材料不順，就會以悲觀時間完成；如果好壞參半，就會以正常時間完成。精確度的估計則是估計者內在經驗，相對於活動不確定性的把握程度。另外，人數加倍並不會使工時縮短一半，因爲人數增多會使溝通複雜度增加，導致每個人的生產力降低，稱爲效益遞減法則 (law of diminishing return)。如圖 12.13 所示 [3]，當人力增加超過 m 的界線值時，專案工期將被延長而不是縮短，即圖中的曲線將從點 A 到點 C 而不是到點 B。圖 12.14 爲工時估計的方法。

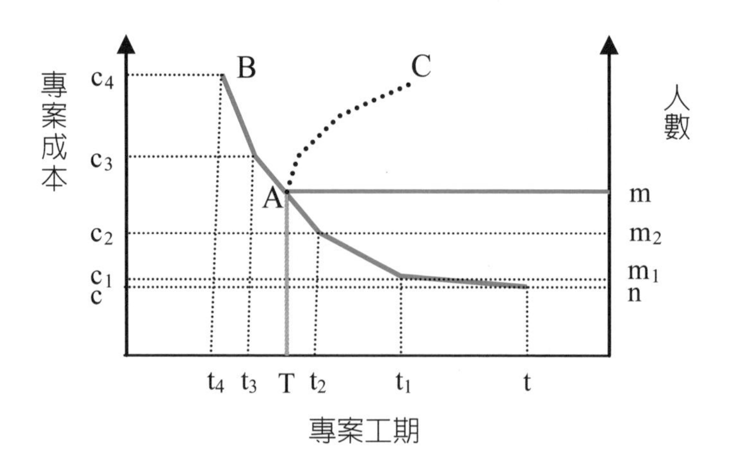

圖 12.13　效益遞減法則

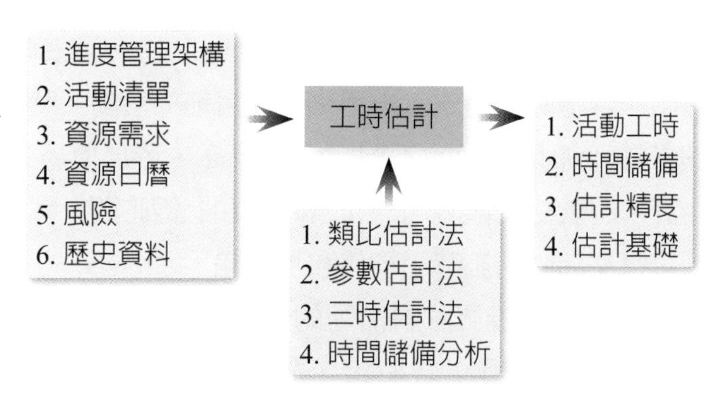

圖 12.14　工時估計的方法

輸入 (Inputs)

1. 進度管理架構：詳細請參閱進度規劃。
2. 活動清單：詳細請參閱活動定義。
3. 資源需求：每個活動所需要的資源，包括人力及設備等，資源不足或共用時會因為等待資源而拉長活動的工時。
4. 資源日曆：特殊資源的可用時間，例如：吊車每星期只能使用半天，如果半天內做不完，就要等到下星期才能再使用。
5. 風險：估計工時的時候要考慮有哪些風險會影響活動的執行。
6. 歷史資料：過去類似專案的完成工時，可以作為參考。

方法 (Mechanisms)

1. 類比估計法：拿過去類似專案的完成時間作為參考基準值，然後由 WBS 的最上層，由上往下依序攤分下來，所以又稱為由上往下估計法。適用於沒有很多時間可以做估計的場合。類比估計法可以比較快速完成估計，但是精確度比較低。
2. 參數估計法：當專案活動類似時，可以估計完成某一部分的工時，再乘上所有的工作，例如：鋪設道路每天 50 公尺，所以全長 1 公里需要總工時 20 天。另外，也可以利用過去的歷史資料，求出一條迴歸方程式，再用來估計目前的活動工時。

3. 三時估計法：如果活動的不確定性比較高，可以使用三個時間進行估計，也就是樂觀時間、正常時間和悲觀時間，然後再用 β 分配計算每個活動的工時平均值和標準差。
4. 時間儲備分析：考慮風險對活動的影響之後，所應該增加的活動時間，以備風險發生時使用，如果風險沒有發生就不能使用。時間儲備其實平常生活都在應用，例如：怕塞車，提早 30 分鐘出門。

假設與限制 (Constraints)

輸出 (Outputs)

1. 活動工時：所有活動的工時估計值。
2. 時間儲備：所有活動考慮風險之後的工時儲備值。
3. 估計精度：所有活動的工時估計精確度值，可以用高精確度、中精確度、低精確度表示。
4. 估計基礎：工時是在什麼條件或狀況下所進行的估計，例如：工期 20 天是在天氣沒有下雨的情況下的估計，如果下雨就會超過 20 天。

12.9 進度制定 (Schedule development)

進度制定是以前面的活動順序和活動工時等資料爲基礎，在這個步驟再加上其他最佳化的考量，最後整合成一個完整的專案進度，表達方式可以是甘特圖 (Gantt chart)、里程碑圖 (milestone chart) 或是網路圖 (network diagram)。甘特圖適合使用於專案團隊檢討進度，或是專案團隊向客戶報告進度的時候使用，如果放上資源稱爲資源甘特圖 (resource Gantt chart)；里程碑圖適合向高層報告進度的時候使用；網路圖則是適合想要了解活動之間互相關聯性的時候使用。整合成專案進度必須考慮的因素，包括：(1) 專案的行事曆，例如：每週工作幾天，也些專案爲了不影響交通，甚至是在夜間進行。(2) 稀有資源的可用時間，例如：顧問每週來兩天，超大吊車每週只能使用三個半天。(3) 人力不足時的工作調整，(4) 如何趕工以便在氣候變化前完成，(5) 如何處理工時超估的問題等等。圖 12.15 爲進度制定的方法。

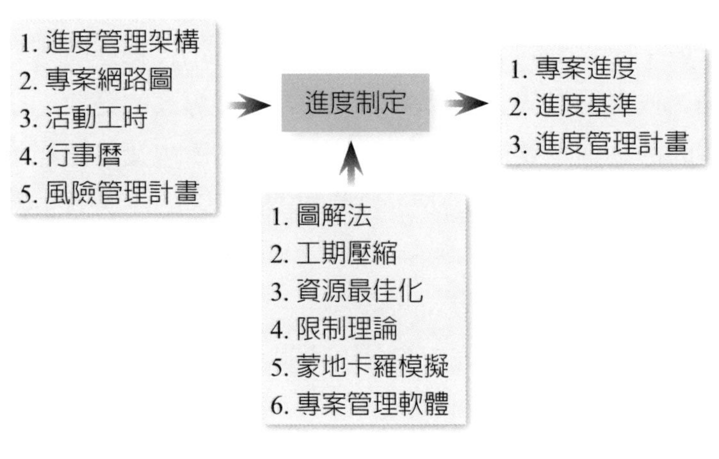

圖 12.15　進度制定的方法

輸入 (Inputs)

1. 進度管理架構：詳細請參閱進度規劃。
2. 專案網路圖：詳細請參閱活動排序。
3. 活動工時：詳細請參閱工時估計。
4. 行事曆：專案的行事曆有專案行事曆和資源行事曆兩種，專案行事曆是專案所有成員的行事曆，資源行事曆是特殊資源的行事曆，例如：顧問和特殊機具，星期一早上和星期五下午才可用。

5. 風險管理計畫：進度管理計畫必須納入風險管理計畫中的風險因應措施，人員的事先訓練等。

方法 (Mechanisms)

1. 圖解法：在網路圖上進行前推計算 (forward computation) 和後推計算 (backward computation)，分別求出每個活動的最早開始時間和最早完成時間，以及最晚開始時間和最晚完成時間。然後利用最晚開始時間減去最早開始時間，或是最晚完成時間減去最早完成時間，得到總浮時 (total float)，總浮時大於零的活動，代表可以放著幾天不做，不會影響專案的完成。總浮時爲零的活動稱爲要徑活動，所有要徑活動所串接的路徑稱爲要徑 (critical path)，要徑的長度就是專案的總期程。要徑的幾個特點如下：

   (1) 要徑是網路圖上最長的路徑。
   (2) 要徑是專案可以完成的最短時間。
   (3) 要徑至少一條。
   (4) 要徑可以有很多條。
   (5) 要徑在執行過程會改變。
   (6) 要徑上的活動優先使用資源。
   (7) 要徑上的活動延遲一天，整個專案就延遲一天。
   (8) 要徑上的活動縮短一天，整個專案就縮短一天。

   圖解法還可以計算每個活動的自由浮時 (free float)、獨立浮時 (independence float) 和干擾浮時 (interfering float)。自由浮時是指前面活動最早結束，後面活動要最早開始，夾在中間的活動有多少時間彈性。獨立浮時是指前面活動最晚結束，後面活動要最早開始，夾在中間的活動有多少時間彈性。干擾浮時是指不影響專案完成時間，也不影響後面活動最早開始時間下，還有多少時間彈性時間，干擾浮時等於總浮時減自由浮時。

2. 工期壓縮：由網路圖解法所計算出來的專案工期，如果太長或是發起人和客戶要求縮短，此時就要進行專案的工期壓縮。工期壓縮有兩個方法：

   (1) 趕工 (crashing)：加人、加班或是增加機器設備等來縮短工期，趕工要從要徑活動進行趕工，要徑活動有好幾個時，從趕工成本增加少的優先趕工。

   (2) 快速跟進 (fast tracking)：兩個活動原先有先後順序關係，爲了壓縮專案工期，前面的活動還沒有結束，後面的活動就提早開始，稱爲快速跟進或是作業重疊。如果前面的活動有變更，後面的活動有可能就要重工，因此快速跟進的風險是重工，是在不得已的情形下才會使用。

3. 資源最佳化：當資源不夠使用時，或是資源使用產生衝突時，專案團隊要進行資源使用的最佳化。資源最佳化有兩個方法：

   (1) 資源拉平 (resource leveling)：利用演算法 (algorithm) 把資源需求超出資源供應線以上的工作，挪到資源供應線以下，資源拉平通常會延長專案工期。圖 12.16 爲資源拉平的說明。

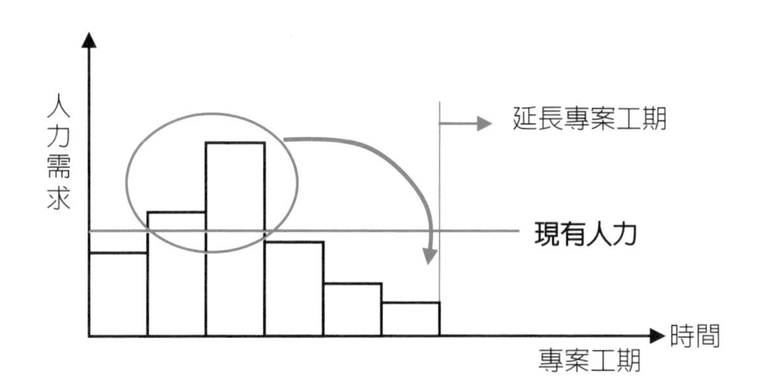

圖 12.16　資源拉平

(2)資源順暢 (resource smoothing)：在不延長專案工期的情況下，設法在現有浮時內調整活動執行順序，以找出較佳的資源使用方式，資源順暢通常不是最佳解。圖 12.17 爲資源順暢的說明。

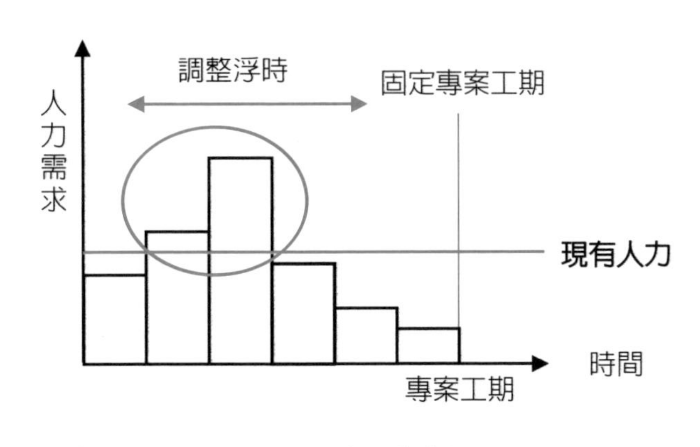

圖 12.17　資源順暢

4. 限制理論：以色列物理學家 Goldratt 提出人性上有幾個缺點：
   (1) 超估活動工時。
   (2) 學生症候群 (臨時抱佛腳)。
   (3) 提早完成不會報告。

   因此建議專案經理把成員的活動估計值砍掉一半，應用到網路圖上時，要徑活動工時砍掉一半，所有砍掉的部分加總，放到要徑尾端稱爲專案緩衝 (project buffer)；非要徑活動工時砍掉一半，所有砍掉的部分加總，放到非要徑尾端稱爲進入緩衝 (feeding buffer)，然後再將專案緩衝砍掉一半，最後就以這個時間作爲專案的目標期程。然後管理專案緩衝和進入緩衝，如果被用掉 3 分之 1，沒事不用緊張；如果被用掉超過 3 分之 1，開始規劃後續行動；如果被用掉 3 分之 2，執行行動計畫。
5. 蒙地卡羅模擬：利用歷史資料配合蒙地卡羅模擬的方法，模擬達成專案目標的機率。

6. 專案管理軟體：利用軟體來協助專案進度的制定。

假設與限制 (Constraints)

輸出 (Outputs)

1. 專案進度：專案的進度可以表達成甘特圖、里程碑圖和網路圖。甘特圖使用於專案團隊以及專案團隊和客戶檢討進度時；里程碑圖使用於專案團隊和高層檢討進度時；網路圖使用於要知道活動之間關聯性時。
2. 進度基準：專案進度經過發起人或客戶核准之後，就變成進度基準，它是執行階段進度績效衡量的依據。
3. 進度管理計畫：專案進度管理計畫，內容包括專案的進度基準，以及進度的制定、監督和變更控制程序等。

12.10 成本規劃 (Cost planning)

成本規劃是規劃專案的成本管理方式，包括活動成本的估計方式、專案預算的編列方式、專案財務的評估方式，以及成本的監督和變更控制方式。專案成本的正確估計是參與投標和制訂專案計畫書的先決條件，簡便的作法，是依據 WBS 的項目，估計所有活動的成本，加總之後加上 10% 的儲備金，再加上必要的稅金，最後就是專案的總成本，有些專案可能還需要考量投標成本和品質成本。專案的預算編列有可能是一開始有一個固定的預算，然後從 WBS 往下分配。大多時候是專案團隊必須先估計出總成本，然後由高層審查核准。專案執行過程要定期監督成本績效，如果和成本基準比較有差距，決定提出成本的變更要求，那麼就會進入成本控制，由變更委員會決定要不要核准變更。圖 12.18 爲成本規劃的方法。

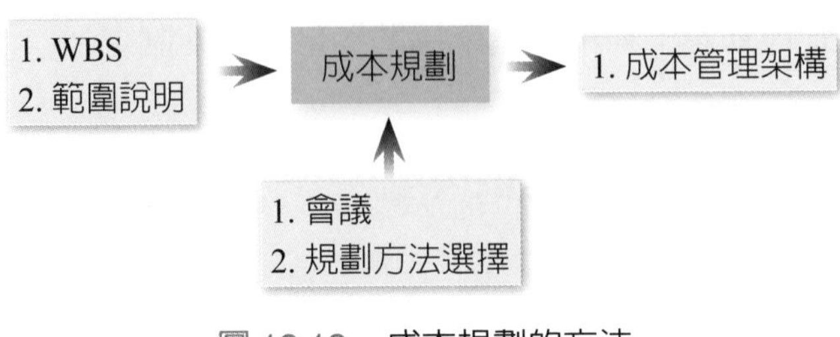

圖 12.18　成本規劃的方法

輸入 (Inputs)

1. WBS：詳細請參閱工作分解結構規劃。
2. 範圍說明：詳細請參閱範圍規劃。

方法 (Mechanisms)

3. 會議：召開成本規劃的會議，成員包括發起人、專案經理、專案成員、關係人等。
4. 規劃方法選擇：決定專案成本的規劃方式，包括：(1) 資金取得方式：自籌、貸款、抵押等，(2) 資源取得方式：購買、租賃等，(3) 財務計算方式：投資報酬率、淨現值、內部報酬率法、回收期等，(4) 活動成本估計方式，(5) 預算編列、監督和變更程序等。

假設與限制 (Constraints)

輸出 (Outputs)

1. 成本管理架構：說明專案成本如何估計、預算如何制定、成本如何監督、變更和控制等的管理架構。

12.11 成本估計(Cost estimation)

成本估計是根據 WBS 的工作包，分析完成所需要的成本，包括人力成本和非人力成本。非人力成本，例如：設備和物料等等。人力成本又分爲直接人力和間接人力，直接人力是指直接參與專案活動的人力，間接人力則是指支援性質的人力，例如：行政人員等。非人力成本也分爲直接和間接，以材料爲例，有直接材料和間接材料。直接材料是指直接使用來產出專案結果的材料，例如：建築專案的鋼筋和水泥等。間接材料則是指非直接使用於專案產出的材料，例如：建築專案的模板和鷹架等。專案管理的間接成本一般建議採用作業基礎成本制 (ABC, activity based costing) 進行估計，可以更準確地把管銷費用攤派到相關的專案。成本配合專案進度可以製作成成本甘特圖 (cost Gantt chart)，方便了解活動在某段時間區間內需要的成本，專案成本也可以按照 WBS 的方式，由上往下拆解成成本分解結構 (CBS, cost breakdown structure)。總括來說，專案成本估計通常包括：(1) 人工費、(2) 材料費、(3) 設備費、(4) 專案辦公室費用、(5) 行政費 (隸屬於大型專案時)、(6) 交通費、(7) 軟體費用、(8) 訓練費等等。圖 12.19 爲成本估計的方法。

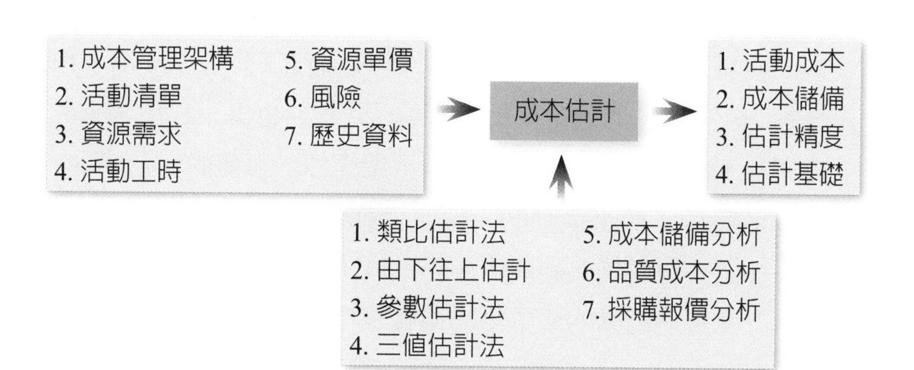

圖 12.19　成本估計的方法

輸入 (Inputs)

1. 成本管理架構：詳細請參閱成本規劃。
2. 活動清單：詳細請參閱活動定義。
3. 資源需求：每個活動所需要的資源，包括人力及設備等。
4. 活動工時：詳細請參閱工時估計。
5. 資源單價：每種資源的價格。
6. 風險：估計成本時要考慮有哪些風險會讓活動的成本增加。
7. 歷史資料：過去類似專案的完工成本，可以作為參考。

方法 (Mechanisms)

1. 類比估計法：拿過去類似專案的完工成本作為參考基準值，然後由 WBS 的最上層，由上往下依序攤分下來，所以又稱為由上往下估計法。適用於沒有很多時間可以做估計的場合。類比估計法可以比較快速完成估計，但是精確度比較低。
2. 由下往上估計：從 WBS 的工作包所展開的活動，由下往上估計和累加，直到獲得整個專案的成本估計。由下往上估計比較需要時間，但是精確度比較高。
3. 參數估計法：當專案活動類似時，可以估計完成某一部分的成本，再乘上所有的工作，例如：鋪設道路每公里 500 萬，所以全長 10 公里需要總成本 5,000 萬。另外，也可以利用過去的歷史資料，求出一條迴歸方程式，再用來估計目前的活動成本。
4. 三值估計法：如果活動的不確定性比較高，可以使用三個成本進行估計，也就是樂觀成本、正常成本和悲觀成本，然後再用 β 分配計算每個活動的成本平均值和標準差。
5. 成本儲備分析：考慮風險對活動的影響之後，所應該增加的活動成本，以備風險發生時使用，如果風險沒有發生，就不能使用。成本儲備平常生活都會用到，例如：各級政府預算編列完成後的備用金設計，就是爲了應付各種災害。

6. 品質成本分析：分析專案的品質規劃、訓練成本和品質不良的重工和報廢成本。
7. 採購報價分析：分析專案採購和招標時的廠商報價，並和估計的最低成本比較，以決定最佳的採購成本。

假設與限制 (Constraints)

輸出 (Outputs)

1. 活動成本：所有活動的成本估計值。
2. 成本儲備：所有活動考慮風險之後的成本儲備值。
3. 估計精度：所有活動的成本估計精確度值，可以用高精確度、中精確度、低精確度表示。
4. 估計基礎：成本是在什麼條件或狀況下所進行的估計，例如：成本 200 萬是在匯率不變的情況下的估計，如果匯率改變，就有可能增加。

12.12 預算編列 (Cost budgeting)

預算編列是根據團隊的專案成本估計，包括總額和每個時間區段的費用，驗算、審查和核准成本的過程。專案預算的編列通常有兩種方式，(1) 由上往下編列和 (2) 由下往上編列。由上往下編列是高層給了一個專案預算總額，專案團隊再依據這個總額，分配到每一個工作包，它的優點是促使團隊提高成本效率、減少浪費，缺點是萬一預算不合理，就無法完成專案。由下往上編列是從 WBS 最底層的工作包，估計直接和間接成本，然後往上加總，優點是過程有專案成員的參與，可以提高士氣，缺點是可能沒有完整的確認出所有應該做的工作，導致預算的不準確。由下往上所估計的成本，在編列預算的時候，有可能會被管理層刪除部分金額，如果最後的預算不足以完成專案，那麼正面思考的專案團隊，應該要想盡辦法在預算內完成，因爲這是展現專案管理能力的最佳時機。如果差距眞的太大，那麼只好爭取減少專案範圍以符合預算。專案的預算如果以累積的方式呈現，會是一條 S 形的曲線，它是專案的成本基準 (cost baseline)。圖 12.20 爲預算編列的方法。

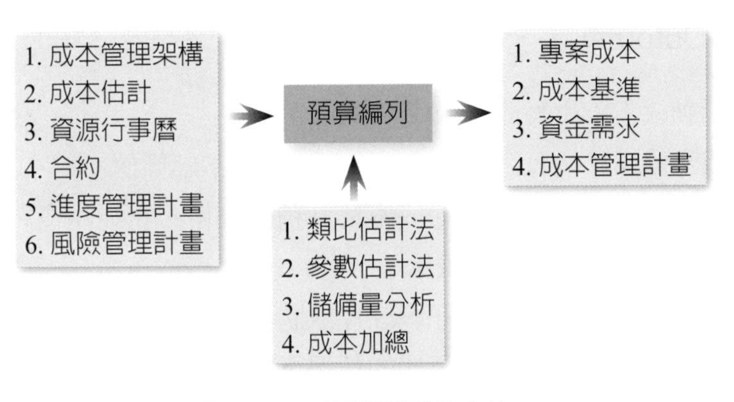

圖 12.20　預算編列的方法

輸入 (Inputs)

1. 成本管理架構：詳細請參閱成本規劃。
2. 成本估計：詳細請參閱成本估計。
3. 資源行事曆：特殊資源的行事曆。
4. 合約：專案和第三方所簽的有關金錢的合約，包括價格、付款條件、保固、罰款、保留款、獎勵條款、履約保證金和保險等。
5. 進度管理計畫：預算編列必須配合專案的進度，詳細請參閱進度制定。

6. 風險管理計畫：預算編列必須考量風險儲備的規劃，詳細請參閱風險因應。

方法 (Mechanisms)

1. 類比估計法：詳細請參閱成本估計。
2. 參數估計法：詳細請參閱成本估計。
3. 儲備量分析：分析專案的總體儲備量，包括管理儲備和緊急儲備。
4. 成本加總：由每個工作包的活動成本往上加總爲專案成本。

假設與限制 (Constraints)

輸出 (Outputs)

1. 專案成本：專案的成本可以表達爲成本甘特圖 (cost Gantt)、成本直方圖 (cost histogram) 和成本分解結構 (cost breakdown structure)。成本甘特圖可以看出活動成本和時間的關係，成本直方圖可以顯示每段時間的成本需求，成本分解結構可以知道 WBS 架構上的所有組成的成本。
2. 成本基準：專案成本經過發起人或高層核准之後，就變成專案的成本基準 (cost baseline)，它是執行階段成本績效衡量的依據。圖 12.21 爲成本基準示意圖，它是一條專案預算的累積圖，因此呈現 S 型曲線。
3. 資金需求：由預算規劃可以知道專案整體的資金需求，並可作爲專案融資計畫的依據。
4. 成本管理計畫：內容包括專案的成本基準，以及成本的制定、監督和變更控制程序等。

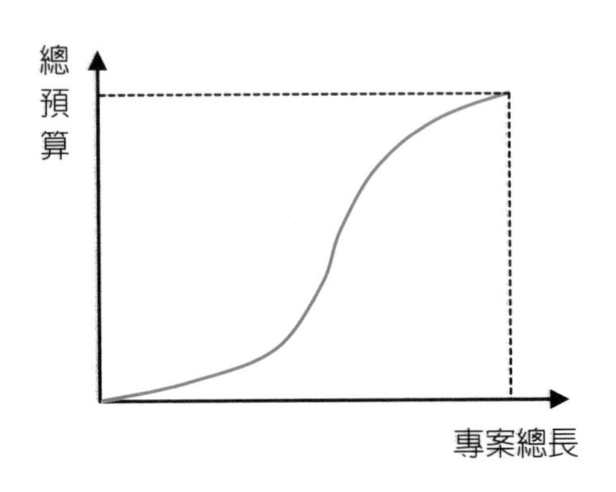

圖 12.21　成本基準示意圖

12.13 品質規劃 (Quality planning)

品質規劃是規劃 WBS 上的所有工作包的品質標準和達成方法，專案的品質不是靠管制出來的，而是規劃進去 (plan in) 的，也就是在規劃階段就要把確保專案品質的作法設計到品質管理計畫當中。專案的品質管理也受到幾位品質管理大師的影響，包括 1950 年戴明 (Deming) 提出的 PDCA(Plan, Do, Check, Act) 循環 (Deming cycle) 及 14 項觀點 (14 points)，認爲品質問題不是員工的錯誤，而是來自於不良的管理系統。1951 年裘蘭 (Juran) 認爲品質問題是來自於缺乏效率與無效的品質規劃，並提出品質管理的三部曲爲規劃、管制、改善。1961 年費根堡 (Feigenbaum) 提出全面品質管制 (Total Quality Control) 的概念探討企業的品質問題。1962 年石川馨 (Ishikawa) 提出品管七大手法，並強調所有員工都應參與品質改進的全公司品質管制 (company-wide quality control) 觀念。1970 年克勞斯比 (Crosby) 提出零缺點 (zero defects) 的觀念。1980 年田口 (Taguchi) 發表田口方法 (Taguchi method) 來改善產品和製程設計等等。圖 12.22 爲品質規劃的方法。

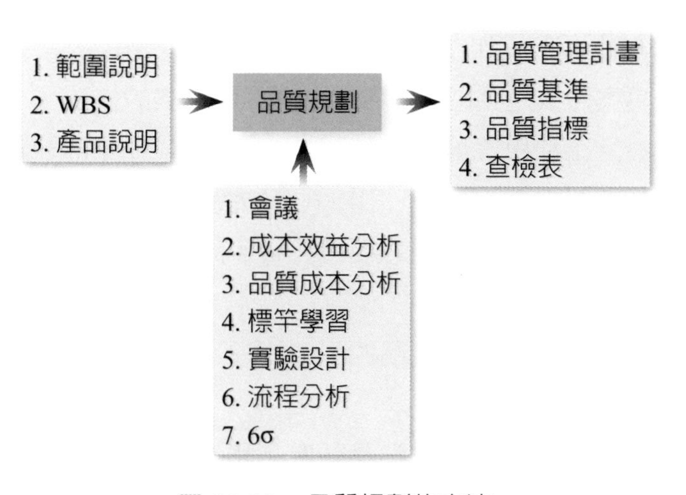

圖 12.22　品質規劃的方法

輸入 (Inputs)

1. 範圍說明：詳細請參閱範圍規劃。
2. WBS：詳細請參閱工作分解結構規劃。
3. 產品說明：產品說明中有產品的品質要求。

方法 (Mechanisms)

1. 會議：召開品質規劃的會議，成員包括發起人、專案經理、專案成員，關係人等。
2. 成本效益分析：分析品質要求與達成方法之間的關係，不同的方法有不同的成本，從幾個方法中選擇成本效益最好的達成方法。
3. 品質成本分析：分析所選擇的達成方法的事前成本和事後成本，事前成本包括評估成本、預防成本、訓練成本等。事後成本包括工成本和報廢成本。
4. 標竿學習：標竿學習 (benchmarking) 是學習品質管理做得比較

好的其他專案的作法，包括企業內其他專案和企業以外同產業其他專案，或是企業以外不同產業其他專案的作法。

5. 實驗設計：利用實驗設計 (DOE, design of experiment) 找出最佳的產品和製程參數組合。田口式實驗設計 (Taguchi method) 是傳統實驗設計的簡化，可以使用比較少的實驗次數，就找到不錯的參數組合。
6. 流程分析：分析專案產品的生產流程，改善和提高流程產出的穩定性和合格率。
7. 6σ：利用六標準差的手法設計產品和流程，讓每百萬次的專案產品只有 3、4 次的不良品出現。

假設與限制 (Constraints)

輸出 (Outputs)

1. 品質管理計畫：專案產品的品質管理計畫，內容包括品質管理角色責任、專案可交付成果、允收標準、達成方法、測試程序、允收程序、品保活動、品質監督、品質控制、品質溝通程序等。
2. 品質基準：品質基準 (quality baseline) 是指一組專案必須達成的品質目標，例如：不良率 1% 以下、系統可靠度 99% 以上。
3. 品質指標：品質指標 (quality metrics) 是專案品質的衡量項目，例如：不良率、可靠度和準時交貨率等。
4. 查檢表：將專案的品質保證活動或是品質管制活動作成查檢表，品保或品管人員只要根據查檢表的內容逐一檢查，就可以確認專案流程或產品的品質。

12.14 風險規劃 (Risk Planning)

風險規劃是規劃如何確認、分析、因應、監督和控制影響達成專案目標的負面 (negative) 風險和正面 (positive) 風險，負面風險是指如果發生，會延遲達成專案目標或增加專案成本的威脅事件 (threats)；正面風險則是指如果發生，會提早達成專案目標或降低專案成本的機會事件 (opportunities)，因此負面風險是想辦法讓它不要發生，或是發生時減少傷害，也就是降低發生的機率或是減少發生的衝擊。正面風險則是想辦法讓它發生，或是發生時提高利益，也就是提高發生的機率或是增加發生的效果。專案團隊要召開一個會議，根據 WBS 的所有工作包，配合專案關係人對負面風險的容忍度，以及對正面風險的期待值，制定一個專案風險的管理計畫。專案風險管理必須在專案過程全程實施，也就是要定期執行確認、分析、因應、監督和控制的工作。圖 12.23 爲風險規劃的方法。

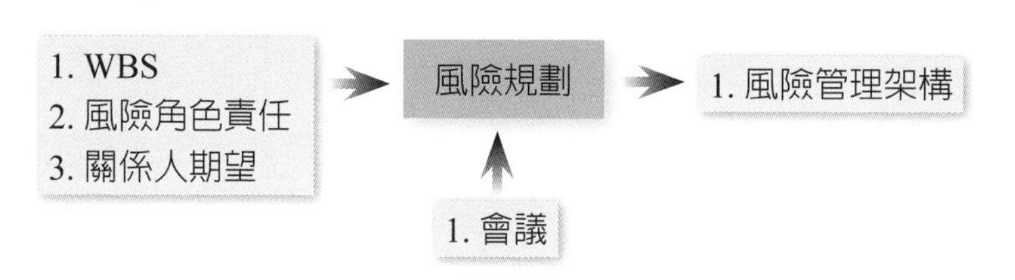

圖 12.23　風險規劃的方法

輸入 (Inputs)

1. WBS：由工作分解結構分析完成每一個工作包，有哪些負面和正面風險會延遲和提早專案進度、成本、品質和範圍目標的達成。
2. 風險角色責任：有關專案風險管理的角色和責任。
3. 關係人期望：不同關係人對負面風險的容忍度，和正面風險的期待度。

方法 (Mechanisms)

1. 會議：召開風險規劃的會議，成員包括發起人、專案經理、專案成員、關係人和企業內部風險管理人員等。

假設與限制 (Constraints)

輸出 (Outputs)

1. 風險管理架構：說明專案風險如何確認、定性分析如何進行、定量分析如何進行、制定因應措施的門檻，以及風險如何監督、如何控制等等的管理架構。

12.15 風險辨識 (Risk identification)

風險辨識是根據風險管理計畫的規劃內容，定期確認專案的可能風險，包括正面風險和負面風險。專案的風險議題是每次專案會議的重點主題之一，需要定期確認和討論風險的原因，是風險會隨著時間變動，大的風險有可能變成小的風險，小的風險也會變成大的風險，甚至有些風險會消失沒有發生，有些風險則是會出乎預料之外的出現。風險的辨識可以分別按照影響專案進度、成本、品質和範圍的風險分類呈現，也可以分為技術風險、管理風險、人員風險等等進行辨識。辨識出來的風險可以和 WBS 一樣，由上往下展開成風險分解結構 (RBS, risk breakdown structure)。圖 12.24 為風險辨識的方法。

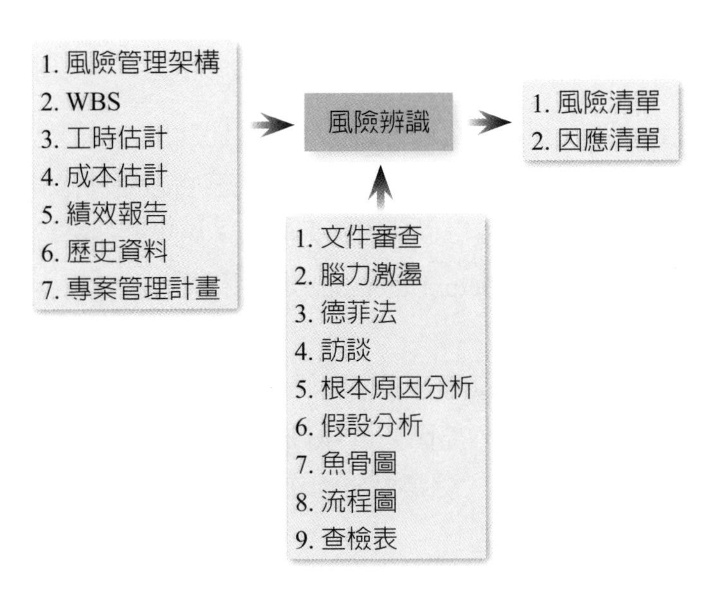

圖 12.24　風險辨識的方法

輸入 (Inputs)

1. 風險管理架構：詳細請參閱風險規劃。
2. WBS：從工作分解結構逐項分析有可能發生哪些風險。
3. 工時估計：工時估計的精確度可能潛藏著風險。
4. 成本估計：成本估計的精確度可能潛藏著風險。
5. 績效報告：專案定期的績效報告如果一直不如預期，也可能表示有風險即將發生。
6. 歷史資料：企業過去專案曾經發生過的風險可以作爲參考。
7. 專案管理計畫：專案計畫中的進度管理計畫、成本管理計畫、品質管理計畫、溝通管理計畫和人力資源管理計畫可以協助確認風險。

方法 (Mechanisms)

1. 文件審查：審查進度管理計畫、成本管理計畫、品質管理計畫、溝通管理計畫和人力資源管理計畫的內容可以協助確認風險。
2. 腦力激盪：專案成員可以利用腦力激盪，集思廣益來辨識風險。
3. 德菲法：德菲法 (Delphi method) 是利用專家匿名問卷來協助辨識風險。
4. 訪談：可以當面訪談專家來協助辨識風險。
5. 根本原因分析：根本原因分析 (root cause analysis) 是分析可能的問題、發生的原因，然後制定對策來辨識風險。根本原因分析可以利用很多方法進行。
6. 假設分析：專案規劃過程可能存在一些假設，分析這些假設的合理性或許可以找到一些風險。
7. 魚骨圖：可以利用魚骨圖的分類分析的方式協助辨識風險。
8. 流程分析：分析專案的執行流程可能可以找到一些風險。
9. 查檢表：利用過去資料製作成查檢表也可以協助辨識風險。

假設與限制 (Constraints)

輸出 (Outputs)

1. 風險清單：所有辨識出來的專案風險。
2. 因應清單：可以馬上因應的風險清單。

12.16 定性分析 (Qualitative analysis)

定性分析是分析前一個步驟所辨識出來的所有風險的相對排序，因爲要做出排序，所以必須有衡量風險值的方式。通常是使用風險的發生機率 (probability) 和發生之後的衝擊 (impact)，兩個值相乘之

後的結果 (RPN, risk priority number) 進行排序。機率和衝擊的衡量尺度，可以是等級／順序尺度 (ordinal scale) 或是數字尺度 (cardinal scale)，等級尺度，例如：很高、高、中、低、很低。數字尺度，例如：1, 3, 5, 7, 9。數字尺度又可以分爲線性和非線性，線性尺度就是數字之間的差相等，例如：上面的例子。非線性尺度就是數字之間的差不相等，例如：0.05, 0.1, 0.2, 0.4, 0.8，這個例子愈往後面，數子愈大，目的是要凸顯高發生機率或是高衝擊的風險，因爲數子愈大，相乘之後的 RPN 值也愈大，所以就愈不會被忽略不處理。圖 12.25 爲定性風險分析的方法。

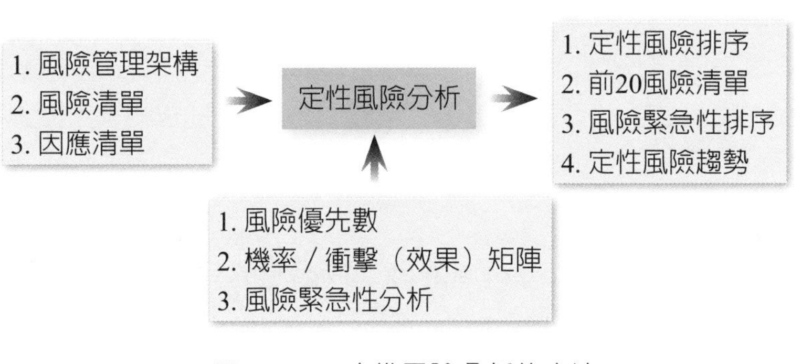

圖 12.25　定性風險分析的方法

輸入 (Inputs)

1. 風險管理架構：詳細請參閱風險規劃。
2. 風險清單：詳細請參閱風險辨識。
3. 因應清單：詳細請參閱風險辨識。

方法 (Mechanisms)

1. 風險優先數：風險優先數 (RPN, risk priority number) 是風險發生機率和衝擊的乘積，利用 RPN 來進行風險的重要度排序。

2. 機率 / 衝擊 (效果) 矩陣：事先製作由發生機率和衝擊，以及由發生機率和效果所組成的矩陣，然後在矩陣中劃定風險高、中、低的區域，作爲專案成員決定某風險是否應該進入定量分析的參考。圖 12.26 爲風險矩陣的範例。

正面風險效果					機率	負面風險衝擊				
10	8	6	4	2		0.1	0.2	0.4	0.6	0.8
10	8	6	4	2	1	0.1	0.2	0.4	0.6	0.8
30	24	18	12	6	3	0.3	0.6	1.2	1.8	2.4
50	40	10	20	10	5	0.5	1.0	2.0	3.0	4.0
70	56	42	28	14	7	0.7	1.4	2.8	4.2	5.6
90	72	54	36	19	9	0.9	1.8	3.6	5.4	7.2

圖 12.26　風險矩陣的範例

3. 風險緊急性分析：分析風險發生或因應的時間點的遠近，作爲排序風險的參考。

假設與限制 (Constraints)

輸出 (Outputs)

1. 定性風險排序：定性分析出來的風險重要度排序。
2. 前 20 風險清單：根據 80/20 原理，大部分問題來自少數原因，因此選擇前 20% 的風險進入定量分析。也可以使用 RPN 超過某一個門檻值的進入定量。
3. 風險緊急性排序：依照發生或必須因應的時間遠近的排序。
4. 定性風險趨勢：風險管理在專案過程必須全程實施，因此重複執行幾次定性分析，可以呈現定性風險的發展趨勢。

12.17 定量分析 (Quantitative analysis)

定量分析是分析在前面定性分析中，排名在前面比較重要的風險如果眞的發生，對專案的進度和成本的影響有多大。從定性分析篩選風險進入定量分析的標準，可以是所有定性風險排序當中的前 20% 風險、RPN 値大於某個數字以上的風險，或是由專案自訂的其他篩選方式，不同的篩選標準代表不同的風險對待方式。定性分析的排名，經過定量分析之後可能會改變，因爲定性分析只是分析相對的順序，定量分析則是分析絕對的影響。定量分析的結果可以作爲風險儲備的規劃參考，例如：在考慮風險的情況之下，一個工期 10 天的活動，會因爲風險變成 12 天才能完成，那麼風險儲備就可以考慮訂爲 2 天。風險儲備也可以使用期望值的方式，將活動所有可能的風險事件發生機率乘上衝擊值，然後加總作爲該活動的風險儲備。風險儲備又分爲緊急儲備 (contingence reserve) 和管理儲備 (management reserve)，緊急儲備只要風險發生，專案經理可以馬上使用，管理儲備必須申請通過才能使用。圖 12.27 爲定量風險分析的方法。

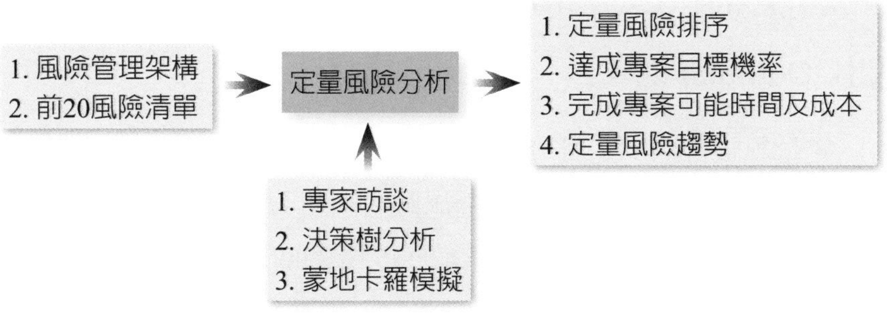

圖 12.27　定量風險分析的方法

輸入 (Inputs)

1. 風險管理架構：詳細請參閱風險規劃。
2. 前 20 風險清單：詳細請參閱定性分析。

方法 (Mechanisms)

1. 專家訪談：訪談風險專家以了解風險的機率分配函數。
2. 決策樹：利用一個決策點和數個機會點所連成的樹狀結構，分析路徑的發生機率和成本或利潤，以期望值了解哪條路徑可以產生最大的效益。
3. 蒙地卡羅模擬：蒙地卡羅模擬 (Monte-Carlo simulation) 是利用過去的歷史資料，找出每個變數的機率分配函數，配合統計決策模式，從每個資料分配函數中，隨機抽取樣本點，帶入決策模式求得模式值，如此重複很多次，甚至 5,000 或 10,000 次之後，可以得到很接近眞實狀況的值。

假設與限制 (Constraints)

輸出 (Outputs)

1. 定量風險排序：定量分析出來的風險影響度排序。
2. 達成專案目標機率：由定量風險分析可以了解達成現有專案目標的機率，例如：專案目標是 2 年和 3,000 萬完成，因為風險的干擾，由定量分析發現只有 38% 的機率可以達成專案目標。
3. 完成專案可能時間及成本：由定量風險分析也可以了解，在風險的干擾下，完成專案的可能時間和成本，例如：專案目標是 2 年和 3,000 萬完成，因爲有可能發生風險，完成專案必須要花 2.8 年和 4,500 萬。

4. 定量風險趨勢：重複執行幾次定量風險分析，可以呈現定量風險的發展趨勢。

12.18 風險因應 (Risk response planning)

風險因應是針對定性分析和定量分析的結果，制定所有風險的因應對策，包括負面風險和正面風險。例如：知道某個負面風險發生機率很高、發生之後衝擊很大，那麼專案團隊可以修改計畫來避掉那個風險，讓它沒有機會發生。又例如：某個正面風險如果發生，譬如廠商提早交貨，可以提早完成某個工作包，那麼專案團隊就可以提供獎勵給廠商，讓這個正面風險真的發生。因應負面的風險不是要去消滅負面風險事件，而是要去降低傷害或減少損失。同樣的，因應正面的風險也不是要去製造正面風險事件，而是要去提高發生的機率或是擴大發生的效果。圖 12.28 為風險因應的方法。

圖 12.28　風險因應的方法

輸入 (Inputs)

1. 風險管理架構：詳細請參閱風險規劃。
2. 風險清單：詳細請參閱風險辨識。
3. 因應清單：詳細請參閱風險辨識。
4. 風險負責人：參與因應措施制定的人員。
5. 前 20% 定性清單：詳細請參閱定性分析。
6. 定量風險排序：詳細請參閱定量分析。

方法 (Mechanisms)

負面風險：

1. 避險：避險 (risk avoidance) 是負面風險發生機率高且衝擊大的風險，以修改計畫來避開這個風險。
2. 轉移：轉移 (risk transference) 是負面風險發生機率低但是衝擊大的風險，例如：地震和颱風，以保險或合約條款來轉移這個風險的影響。
3. 降低：降低 (risk mitigation) 是負面風險發生機率高但是衝擊小的風險，例如：下雨，以做防雨處理來降低這個風險的影響。
4. 接受：接受 (risk acceptance) 是負面風險發生機率低而且衝擊也小的風險，直接接受風險發生的影響。但是又分積極接受和消極接受兩種，積極接受是準備好了風險後果的處理，消極接受是什麼都沒有準備。

正面風險：

1. 拓展：拓展 (exploit) 是指採取措施提高正面風險發生的機率。
2. 分享：分享 (share) 是指由第三方協助讓正面風險發生，因此利益要分享給第三方。
3. 加強：加強 (enhance) 是指採取措施提高正面風險發生的效果。

4. 接受：接受(accept)是指不做任何動作，只是等待正面風險發生。

假設與限制 (Constraints)

輸出 (Outputs)

1. 因應計畫：所有正面和負面風險的因應計畫。
2. 合約條款：採用風險轉移的合約條款的訂定。
3. 殘留風險：殘留風險 (residual risk) 是指風險因應之後還會有的風險，例如：雖然穿了雨衣，還會被淋濕的風險。
4. 二次風險：二次風險是因爲實施了因應措施所造成的風險，例如：穿了雨衣擋住視線，發生車禍的風險。
5. 風險儲備：爲了因應風險所額外增加的時間和成本儲備。
6. 風險管理計畫：專案的風險管理計畫，內容包括風險管理的方法、風險管理的角色責任、風險假設、風險類別、風險管理時機、風險評估技術、風險門檻、風險溝通、風險追蹤、風險監督和風險控制程序等。

12.19 採購規劃 (Procurement planning)

採購規劃是依據 WBS 的所有工作包，分析需要用到哪些設備和物料，然後配合專案進度，確認要在什麼時候、以什麼方式從外面取得。專案管理的一個現象，是專案所需要的物料，大約 80% 是標準品，20% 是非標準品，非標準品就是市場上買不到，必須要重新製作的物料。所有標準品和非標準品的品項當中，數量少的可以直接購買，數量很多或是價格高的品項，專案團隊可以考慮使用招標的方式，以取得比較低的價格和比較高的品質。所有要進行招標的品項當中，專案團隊還需要爲每一個品項製作工作說明 (statement of work)，並決定每一個品項的合約方式，例如：總價合約、實價合約，還是單價合約，最後綜合成爲採購管理計畫。圖 12.29 爲採購規劃的方法。

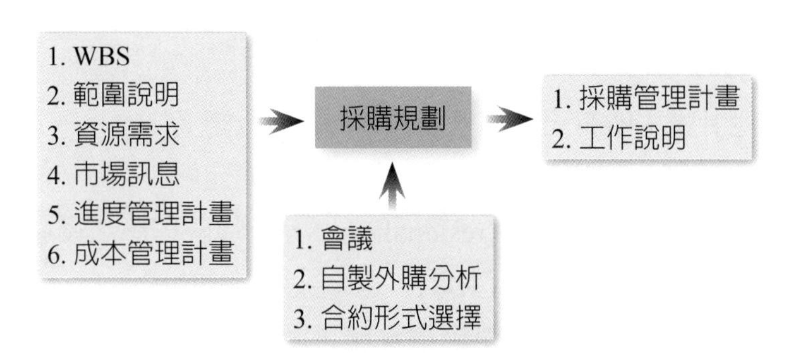

圖 12.29　採購規劃的方法

輸入 (Inputs)

1. WBS：從 WBS 的所有工作包可以知道採購需求。
2. 範圍說明：詳細請參閱範圍規劃。
3. 資源需求：從 WBS 的所有工作包可以知道專案的資源需求。
4. 市場訊息：所有資源需求的市場資訊，包括價格及取得管道等。
5. 進度管理計畫：從專案進度可以知道什麼時候需要什麼資源。
6. 成本管理計畫：從專案預算可以知道什麼時候可以花多少費用。

方法 (Mechanisms)

1. 會議：召開採購規劃的會議，成員包括發起人、專案經理、專案成員、關係人和企業內部採購人員等。
2. 自製外購分析：進行自己製作或是從外面取得的分析，綜合考量自製成本 (直接成本和間接成本) 及外購成本、完成的及時性、市場取得的困難度等等因素，決定哪些項目自製、哪些項目外購。

3. 合約形式選擇：選擇外購項目的合約型式，說明如下：
   (1) 總價合約：總價合約 (fixed price contract) 是業主以一個總價要求廠商完成合約內容的交付，廠商利潤多寡決定於廠商的專案管理能力，如果完工時的成本超出原先的價格，多出的部分由廠商自行吸收。總價合約通常是合約內容沒有技術問題，只有價格高低的問題，因此工作說明可以粗等到中等詳細度。
   (2) 實價合約：實價合約 (cost reimbursable contract) 是業主要支付廠商完成合約的所有費用，再加上一筆當初講好的利潤。如果完工時的成本超出原先的預估，多出的部分還是由業主吸收。實價合約通常是合約內容有技術問題，因此廠商取得標單前，要製作建議書供業主審核，實價合約的工作說明中等到高等的詳細度。實價合約業主爲了鼓勵廠商節約成本，通常訂有獎勵條款。
   (3) 單價合約：單價合約 (time & material) 是專案一開始不清楚專案的範圍，因此先講好服務和材料的單價，例如：顧問每小時 5,000 元，材料每公尺 1,000 元。等完工時再看使用了多少服務人次和材料，單價乘上數量就是合約的完工總價。單價合約的成本增加風險由業主和廠商各負擔一半，因爲單價的性質類似總價合約，如果廠商開價過低，由廠商吸收；單價乘上數量的總數又類似實價合約，因爲不管多少，像實價合約一樣，業主必須承擔，因此單價合約雙方風險各半。

假設與限制 (Constraints)

輸出 (Outputs)

1. 採購管理計畫：專案的採購管理計畫，內容包括自制外購的評估標準、外購合約的型式選擇、招標的時機、採購和招標文件、招標方式、決標方式、合約管理方式、合約結束程序等。
2. 工作說明：工作說明 (SOW, statement of work) 是所有對外採購和招標的項目的內容說明，提供包商和供應商報價和製作建議書之用。

12.20 招標規劃 (Solicitation planning)

招標規劃是根據採購規劃所產出的採購管理計畫和工作說明，在物料需要的時候，提前進行對外招標的準備工作。常常需要招標的公司，一定會制定標準的招標文件，因此只要製作好和填好這些文件，就可以進行招標。之前沒有經驗的特殊物件的招標，可以透過諮詢組織內外部的專家來取得必要的資訊。根據招標狀況的不同，招標文件可以稱爲投標邀請 (RFB, request for bid)，建議書邀請 (RFP, request for proposal)，或報價邀請 (RFQ, request for quotation)。其中建議書邀請使用在招標物件具有技術問題的場合，因此投標方需要製作將如何進行的計畫書。報價邀請是使用在招標物件沒有技術問題，只有價格問題的場合，因此投標方只需要提出報價。投標邀請則是一個中性的用法，沒有特別說明需不需要提出建議書，要看招標文件內容才知道需求。圖 12.30 爲招標規劃的方法。

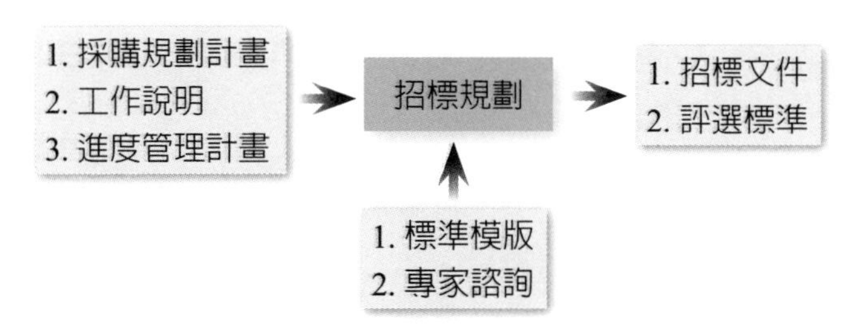

圖 12.30　招標規劃的方法

輸入 (Inputs)

1. 採購規劃計畫：詳細請參閱採購規劃。
2. 工作說明：詳細請參閱採購規劃。
3. 進度管理計畫：詳細請參閱進度規劃。

方法 (Mechanisms)

1. 標準模版：使用企業內部的採購標準表格。
2. 專家諮詢：特殊物品的採購可以諮詢專家意見。

假設與限制 (Constraints)

輸出 (Outputs)

1. 招標文件：所有需要對外招標的項目的說明文件，是可以寄給潛在廠商或是等待廠商索取的資料文件。依照招標物件的不同，招標文件也稱為投標邀請 RFB、報價邀請 RFQ 或建議書邀請 RFP。其中 RFQ 通常用於只有價格問題的場合，RFP 則是使用於有技術問題的場合。
2. 評選標準：用於廠商選擇時的評選標準，例如：專案管理師證照人數、有沒有通過 ISO 認證等。

12.21 人力資源規劃 (Human resource planning)

人力資源規劃是根據 WBS 的架構，分析完成專案所需要的人員背景、專長、經驗、特質和數量、需要的時間以及取得的方式。透過授權書借調過來的人員，有的可能是全職在這個專案工作，有的可能只是兼職，有時最適合的人還在支援其他專案，無法參與這個專案，因此專案人力資源的運用，還要看目前人員的可用狀況。專案人員的配置也會影響活動的工時和成本，例如：同一個活動，如果由資深工程師負責，需要 5 天和 2 萬的費用，但是由資淺工程師負責則可能需要 8 天和 1.6 萬的費用。此外，同一個工作如果人員加倍，並不會讓工時減半，因爲人數增加，也提高了溝通的複雜度，需要開會協調，分配和整合工作，因此會降低每個人的生產力，以致完成的工時會大於原先工時的一半，這稱爲效益遞減法則 (law of diminishing return)。圖 12.31 爲人力資源規劃的方法。

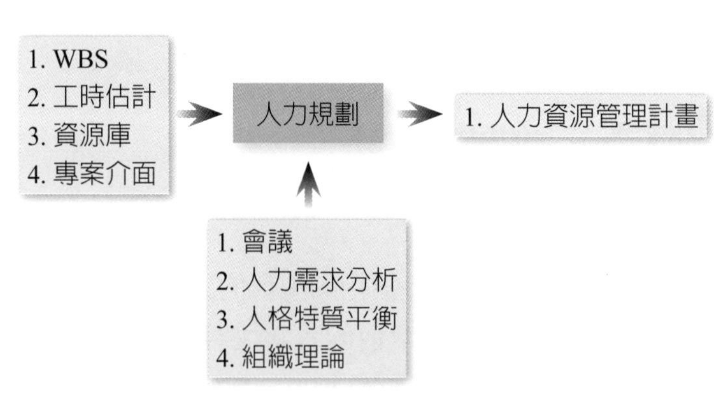

圖 12.31　人力資源規劃的方法

輸入 (Inputs)

1. WBS：分析 WBS 可以知道人力需求的數量和種類。

2. 工時估計：工時估計可以知道人員必須參與的時間期限。
3. 資源庫：企業內部現有可以參加專案的人員及其他資源的狀況。
4. 專案介面：專案的指揮協調和溝通報告關係。

方法 (Mechanisms)

1. 會議：召開人力資源規劃的會議，成員包括發起人、專案經理、專案成員、關係人和企業內部人力資源部門人員等。
2. 人力需求分析：從 WBS 分析人力需求的種類和數量，包括專長、人格特質、經歷等等。
3. 人格特質平衡：Belbin 認為專案成員的人格特質最好能由以下九種特質的成員組成，如圖 12.32 所示，數字代表人數，當對面的人數接近時，團隊就平衡。
   a. 協調者 (CO, coordinator)：成熟、自信、識人之明、目標明確、知人善任。
   b. 播種者 (PL, plant)：有創意、想像力、天馬行空、善於解決問題、精神不集中、健忘。
   c. 資源調查者 (RI, resource investigator)：外向、熱心、善於探索機會、發展關係、過分樂觀、容易虎頭蛇尾。
   d. 合作者 (TW, team worker)：合作、有遠見、注重形式、傾聽、避免衝突、遇到危機容易畏首畏尾。
   e. 評估者 (ME, Monitor Evaluator)：冷靜、策略思考、善於評估、不會激勵他人、過於挑剔。
   f. 執行者 (IM, implementer)：實際、可靠、有效率、有行動力、沒有彈性、對新方法反應慢。
   g. 糾正者 (SH, shaper)：接受挑戰、抗壓、靈活、挑釁、傷人。
   h. 完成者 (CF, completer finisher)：吃苦、緊張、認眞、挑出問題讓事情完美、容易擔心小事情、追求完美、不願意分工。

i. 專業者 (SP, specilaist)：單純、自我驅動、投入、視野小。

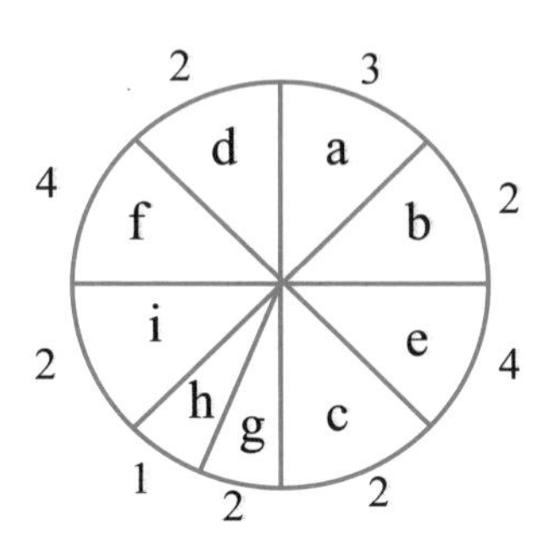

圖 12.32　人格特質平衡

4. 組織理論：了解相關的組織理論有助於專案人力資源的規劃。

假設與限制 (Constraints)

輸出 (Outputs)

1. 人力資源管理計畫：專案人力資源的管理計畫，內容主要說明專案人力資源的借調、招募、訓練、管理、控制、歸建和解散等。細節部分還包括人需求計畫、組織分解結構、招募計畫、資源行事曆、訓練計畫、獎勵表揚、人員解散計畫等等。

12.22 關係人管理規劃 (Stakeholder management planning)

關係人管理規劃是根據 WBS 的工作包，確認完成每一個工作包的過程、誰是關係人、每個關係人的需求，以及如何滿足每個關係人的需求。關係人是指專案的成功或失敗，和他的利益有正面或負面影響的所有人。例如：都市建設捷運，市民是捷運的受益使用者，因此是關係人之一，他們的需求要受到重視。相反的，捷運路途中的商店，在施工過程會遭受到各種髒亂和噪音，影響他們做生意，因此他們也是捷運專案的關係人，如果沒有關注他們的訴求，這些人可以聯合起來示威抗議，甚至迫使捷運專案停工。因此滿足不同關係人的不同需求，是專案團隊的一大挑戰，沒有做好關係人的管理，有時甚至會影響專案的成敗。專案團隊必須把原先不支持專案的關係人，經過說明將他們轉爲中立，再進一步解釋，讓他們開始支持專案，最後使他們了解專案對多數人的利益之後，啓動他們協助說服其他不支持的人轉而支持專案。圖 12.33 爲關係人管理規劃的方法。

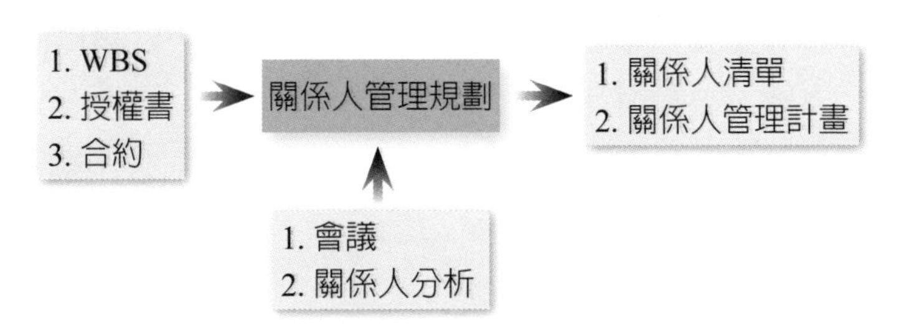

圖 12.33　關係人管理規劃的方法

輸入 (Inputs)

1. WBS：從 WBS 的工作包可以確認執行時有哪些相關的關係人。
2. 授權書：從授權書上可以得知專案的結果和過程，有哪些人會受影響，包括發起人、專案經理、專案團隊、客戶、相關部門等。
3. 合約：所有合約的簽署方，包括包商和供應商，都是專案的重要關係人。

方法 (Mechanisms)

1. 會議：召開關係人管理規劃的會議，成員包括發起人、專案經理、專案成員等，分析關係人的背景、角色、利益、位階等。
2. 關係人分析：分析所有關係人的影響力高低和對其利益大小，來決定關係人的應對方式 (如圖 12.34 所示)：
   (1) 高度重要：影響力高和利益大的是主要關係人，應該以標準的溝通程序與其溝通。
   (2) 中等重要：影響力高和利益小的關係人，應該以隨時保持知會的方式，主動與其溝通。
   (3) 中等重要：影響力低和利益大的關係人，應該以使其滿意的方式，被動與其溝通。
   (4) 低等重要：影響力低和利益小的關係人，可以不須特別處理。

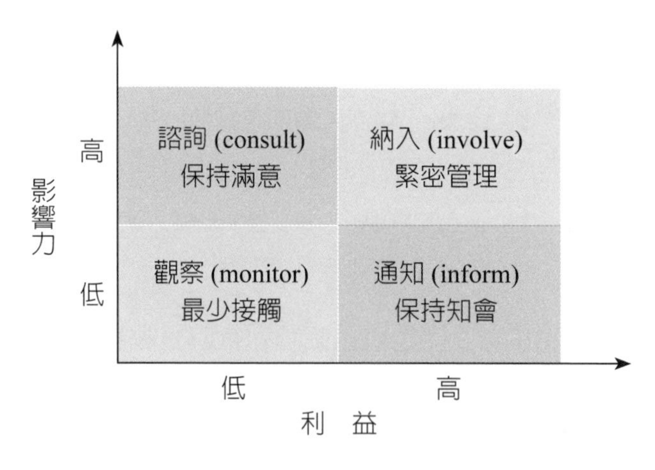

圖 12.34　關係人分析

假設與限制 (Constraints)

輸出 (Outputs)

1. 關係人清單：所有的專案關係人名錄。
2. 關係人管理計畫：專案關係人的管理計畫，內容包括關係人的確認、分析、需求、應對策略、管理和控制程序等。細節部分包括每個關係人需要的資訊、應該互動的程度、各階段的溝通需求、溝通頻率等等。

12.23 溝通規劃 (Communication planning)

溝通規劃是規劃完成每個工作包的過程中，誰 (who) 在什麼時候 (when)、需要什麼 (what) 訊息、用什麼方式 (how) 給他。專案的執行者是人，而且是一群人，因此過程中絕對需要溝通協調，才能統一所有人的步調，讓專案進度循序往前邁進。專案過程的溝通有上下的垂直溝通和左右的水平溝通；有對內的溝通和對外的溝通；有正式的溝通和有非正式的溝通；有書面的溝通和口頭的溝通。溝通並不是要滔滔不絕，很多時候傾聽就是溝通，有一個溝通的 7-38-55 法則指出，溝通的內容重要度只占 7%，聲音語調重要度占 38%，肢體語言占 55%，由此可知非語言部分對溝通的重要。專案經理在整個專案過程約花 90% 的時間在做溝通，其中 45% 在聽、30% 在說、10% 在讀、10% 在寫、其他占 5%，這個數據可以作爲專案經理的參考。有幾個現象會造成溝通的障礙，包括專有名詞、噪音、先入爲主、文化差異、組織氣氛、知識不足、管道太多、距離、敵意等。另外下對上的溝通，大約有 23～27% 的資訊被過濾掉，值得專案經理注意。一般來說，溝通複雜度和人數 n 的平方成正比，因爲溝通管道數 $=\frac{n(n-1)}{2}$，因此在可以完成專案的情況下，專案人數愈少愈好，也就是盡量使用全職人員和技術好的人員。圖 12.35 爲溝通規劃的方法。

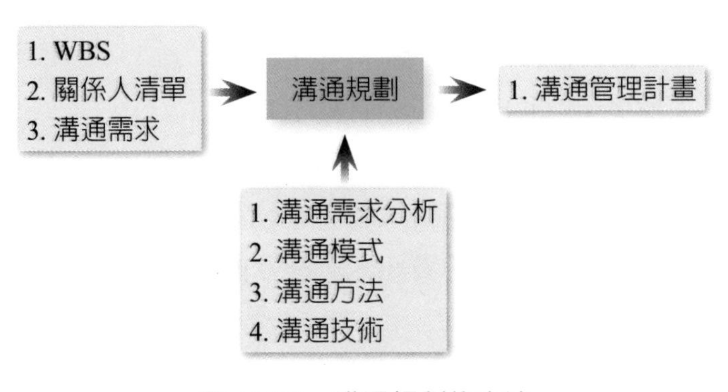

圖 12.35　溝通規劃的方法

輸入 (Inputs)

1. WBS：從 WBS 可以確認關係人及關係人的溝通需求。
2. 關係人清單：詳細請參閱關係人管理規劃。
3. 溝通需求：每個關係人的溝通需求，什麼時候需要什麼訊息，用什麼方式給他，例如：某個關係人要求每個星期給他成本績效報告。

方法 (Mechanisms)

1. 溝通需求分析：彙整所有關係人的溝通需求，確定何時要召開什麼會議、哪些人要參加；哪些人什麼時候要進度報表、哪些人什麼時候要品質報表等。
2. 溝通模式：基本的溝通模式 (communication model) 包括發送者 (sender)、接收者 (receiver)、管道 (media)、訊息 (message)，過程還會有噪音，包括使用的語言、文化的差異等。發送者對訊息進行編碼然後發出，接收者接收訊息後對訊息進行解碼，然後做出回應。發送者要謹慎編碼，慎選溝通方法，並且確定接收者了解訊息。接收者要積極傾聽，謹慎解碼，注意發送者的肢體語言和臉部表情，並且讓發送者確定接收者有在接收訊息。

3. 溝通方法：溝通方法 (communication methods) 包括：(1) 互動溝通：兩個人或兩個人以上進行溝通，一個人發送訊息給其他人，其他人陸續做出回應，如會議和視訊會議等。(2) 推式溝通 (push)：發送者發出訊息之後，沒有期待有人回應，因此是單向溝通，發出狀態報告給所有專案成員屬於推式溝通。(3) 拉式溝通 (pull)：發送者將訊息放在一個分享的公共儲存區域，其他人自行去取得訊息，有沒有收到訊息是接收者的責任。
4. 溝通技術：溝通技術是發送訊息所用到的技術，包括面對面會議、電話、傳真、語音信箱、社群軟體、實體郵件、電子郵件、視訊會議、網路會議等等。

假設與限制 (Constraints)

輸出 (Outputs)

1. 溝通管理計畫：專案的溝通管理計畫內容包括：(1) 如何蒐集和更新專案績效相關的訊息、如何公布訊息和公布頻率等。(2) 如何管制和分發專案訊息、如何劃分機密等級、哪些人可以接觸哪些機密等級的訊息。(3) 如何儲存專案訊息，包括電子檔和紙本等。

12.24 安全規劃 (Safety planning)

安全規劃是依據 WBS 的工作包，確認完成所有工作包的過程中，是否有會造成人員安全的事件發生，以及預防發生的方法。有些專案的執行必須符合安全的相關法規，因此專案團隊應該分析專案的法律規定，確實做好專案人員的合法性和安全性維護。專案人員的生命安全是專案成功的必要條件，不可以使用危險獎金、在沒有做好安全維護的情況下執行專案，尤其不可以使用婦女、童工或外籍勞工來執行危險的工作。有安全疑慮的專案，應該設置安全專責管理人員，執行安全維護的訓練、檢查和稽核工作。有些牽涉到安全的專案作業，甚至必須由具有執照的人員進行操作，例如：各種機具的駕駛、活動煙火的爆破等等。前面提到的風險是指影響專案，這裡的安全是指影響人員。圖 12.36 為安全規劃的方法。

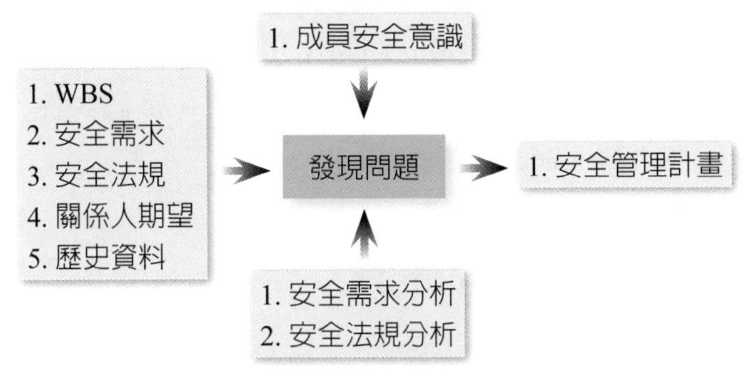

圖 12.36　安全規劃的方法

輸入 (Inputs)

1. WBS：從 WBS 的項目中可以確認安全需求，包括安全訓練、安全維護等。
2. 安全需求：所有專案活動的安全需求，包括對專案成員和關係人的安全。
3. 安全法規：專案有哪些活動必須符合安全法規的要求。
4. 關係人期望：專案關係人對所有專案人員安全的期望。

5. 歷史資料：過去曾經發生過的安全事件及處理方式，可以作爲安全規劃的參考。

方法 (Mechanisms)

1. 安全需求分析：分析和專案有關的所有安全需求，以規劃安全管理計畫。
2. 安全法規分析：分析專案必須遵守哪些安全法規，以制定滿足法規的達成方法的依據。

假設與限制 (Constraints)

1. 成員安全意識：專案成員的對安全的認知和意識，是安全事件會不會發生的最主要原因，很多事件的發生就是過度自信所造成的。

輸出 (Outputs)

1. 安全管理計畫：專案的安全管理計畫內容包括：安全事件的定義、安全事件處理程序、安全的門檻標準、達成安全的方法等。

Date _____/_____/_____

Chapter 13

執行專案 (Executing a project)

執行專案是依照專案計畫書的內容，依序執行規劃的工作，基本上就是按照專案進度表執行專案。執行所得的工作結果，必須符合專案計畫的規定，因此要定期把工作結果轉成績效報告，再比較績效報告和計畫績效，這個動作稱為監督 (monitoring)，所以專案的執行階段包含監督的動作。監督發現績效不佳，必須提出變更要求時，才會進入下一個階段的控制。所以一般所謂的監督控制或簡稱為監控，其實是分屬兩個不同的階段。為了讓執行過程井然有序，在正確的時間做正確的事，尤其是關鍵的活動或是具有危險性的活動，例如：電源的送電、重大機具的移動等等，計畫書中要設計有工作授權系統 (work authorization system)，以規範執行專案階段，成員知道什麼事情在什麼狀況下才可以做。簡單的說，工作授權系統就是要避免成員多做了不該做的事。執行專案階段除了監督績效之外，還要監督風險、視需要進行品質保證、團隊建立和團隊管理的活動。另外，定期與關係人應對溝通和資訊傳遞，都是必要的動作。除此之外，有時也要執行人員招聘和採購招標的活動。

當然，對專案經理來說，執行專案過程還有很多瑣事需要解決，包括衝突處理、問題處理、議題處理、資源處理、士氣處理、情緒處理、對內協調溝通、對外談判協商、應對難纏關係人、需求變更處理、突發事件處理等等。因此，專案經理思維要非常有彈性，要有極佳的情緒控制能力，要具有高度的人際敏銳度，要極度耐煩而且抗壓。總括來說，專案經理必須是一個非常好的領導者、整合者、決策者、溝通者和氣氛製造者。圖 13.1 爲執行專案的流程，圖 13.2 爲執行專案的步驟。

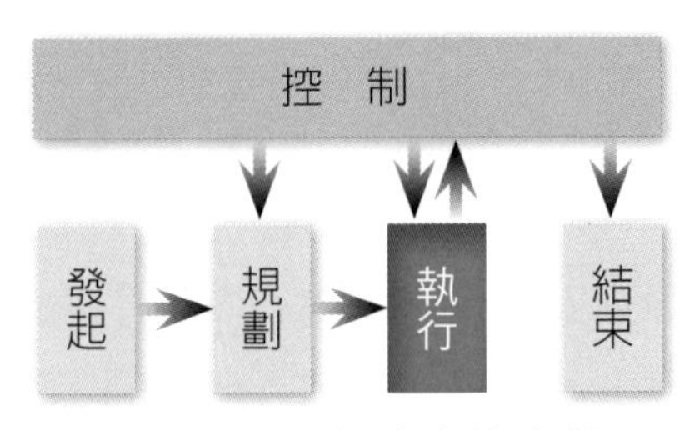

圖 13.1　執行專案的流程

13.1 績效監督 (Performance monitoring)

績效監督是定期將專案的工作結果 (work results) 轉成績效報告 (performance reports)，然後將績效報告和計畫書中的專案基準做比對，包括進度基準、成本基準、品質基準和範圍基準等。如果績效都符合基準的要求，那麼專案績效沒有問題，可以按計畫繼續執行。如果某部分的績效不如預期，經過分析檢討之後，決定提出變更要求，例如：追加時間和追加成本等，那麼提出人填寫相關變更的表單，並分析變更的影響，由變更管制委員會決定是否核准該變更，如果變更太大，則依規定上呈發起人核准。績效監督的其中一個方法爲掙值分析 (earned value analysis)，它可以同時分析專案的進度績效和成本績效，是專案績效監督的主要方法。圖 13.3 爲績效監督的方法。

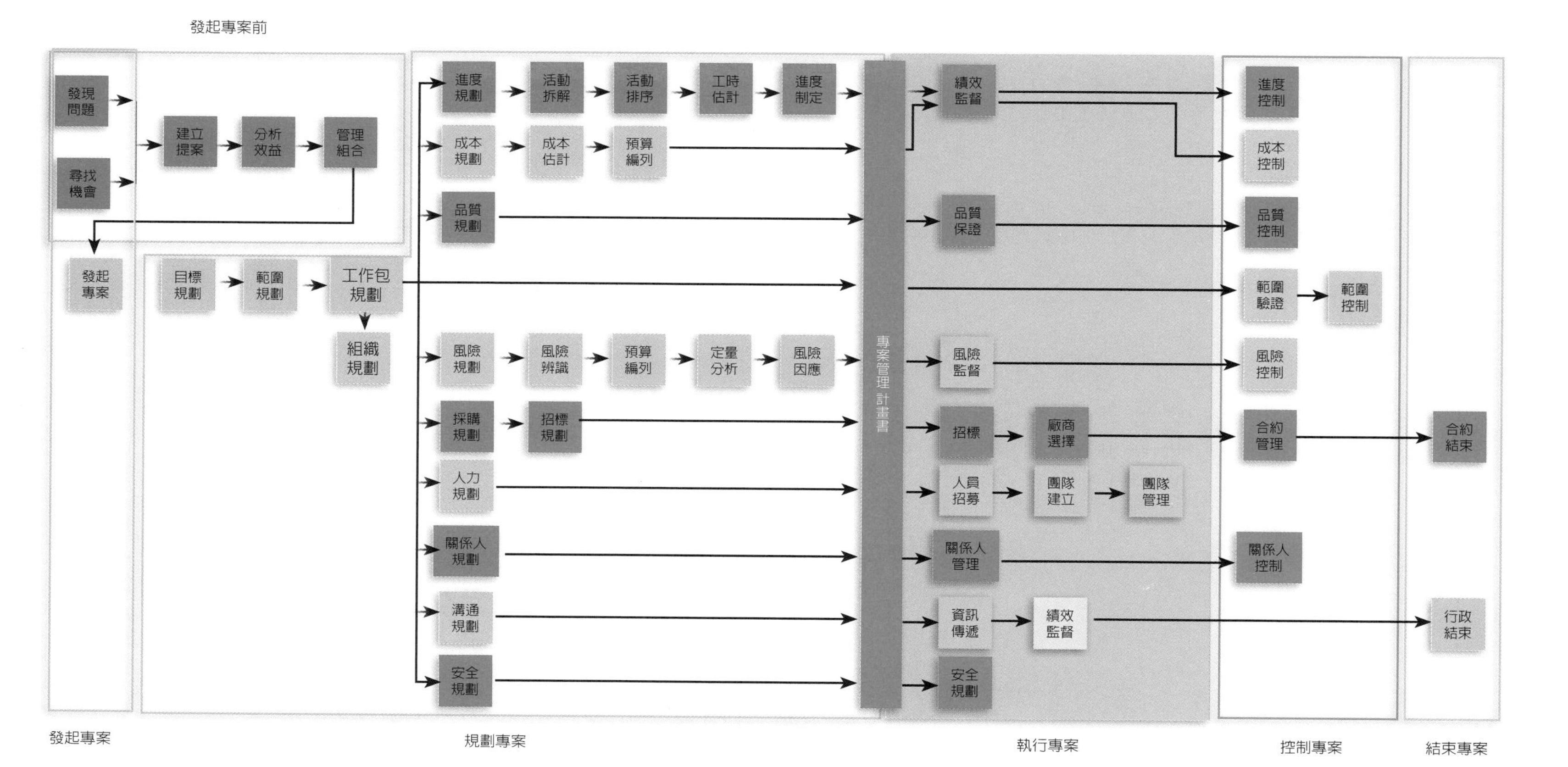
發起專案前
發現問題
尋找機會
建立提案
分析效益
管理組合
發起專案
目標規劃
範圍規劃
工作包規劃
組織規劃
進度規劃
活動拆解
活動排序
工時估計
進度制定
成本規劃
成本估計
預算編列
品質規劃
風險規劃
風險辨識
預算編列
定量分析
風險因應
採購規劃
招標規劃
人力規劃
關係人規劃
溝通規劃
安全規劃
專案管理計畫書
績效監督
品質保證
風險監督
招標
廠商選擇
人員招募
團隊建立
團隊管理
關係人管理
資訊傳遞
績效監督
安全規劃
進度控制
成本控制
品質控制
範圍驗證
範圍控制
風險控制
合約管理
關係人控制
合約結束
行政結束
發起專案
規劃專案
執行專案
控制專案
結束專案

圖 13.2　執行專案步驟

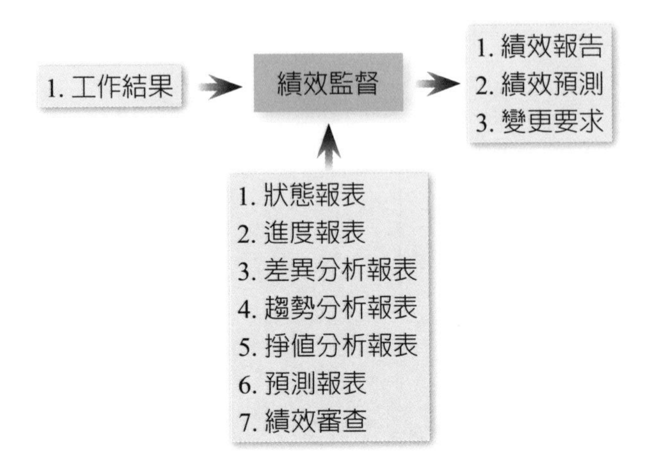

圖 13.3　績效監督的方法

輸入 (Inputs)

1. 工作結果：每個績效時段的工作結果 (work results)，通常是一個星期，工作結果主要包括完成了哪些工作包、哪些部分未完成、花了多少成本和時間。所以基本上，工作結果會以進度的工作結果和成本的工作結果呈現。工作結果透過報表的分析就可以變成績效報告。

方法 (Mechanisms)

1. 狀態報表：專案由上一個時段到這個時段爲止的所有狀況，包括績效、問題和風險等。
2. 進度報表：有關專案目前進度績效的報表。
3. 差異分析報表：專案計畫績效和實際績效的差異分析，例如：進度偏差和成本偏差。
4. 趨勢分析報表：專案績效的發展趨勢分析，例如：成本績效指標 CPI 愈來愈差。

5. 掙值分析報表：掙值分析 (earned value analysis) 是使用在每個績效時段的三個變數，計畫值 (PV, planned value)、掙值 (earned value)、實際值 (actual cost)，就可以計算出該時段的進度績效和成本績效。圖 13.4 為掙值分析的示意圖 [1,2]。

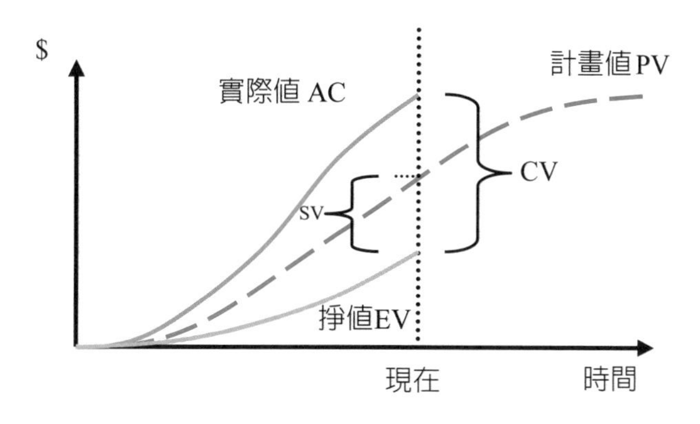

圖 13.4　掙值分析的示意圖

6. 預測報表：預測照目前的績效推算，原來的預算夠不夠用，如果不夠而且理由充分，應該要求追加多少預算。
7. 績效審查：審查由上面報表所呈現的專案績效，

假設與限制 (Constraints)

輸出 (Outputs)

1. 績效報告：把工作結果利用報表分析出來的專案績效報告，它是專案到目前時段為止的績效呈現。
2. 績效預測：根據目前的專案績效所預測出來的未來可能專案總成本和專案總時程，例如：預估專案完工總成本 (estimate at completion)。
3. 變更要求：由績效報告可能可以發現需要做一些變更，才能如期完成專案，例如：追加資源和預算，但是變更要求還要經過變更管制委員會的同意。

13.2 品質保證 (Quality assurance)

品質保證是依據品質管理計畫的規劃內容，運作專案的品質保證系統、包括品質管理制度和流程等，並且定期對品質保證系統進行稽核，以確認系統的正確被執行，如果系統流程產出過多的不良品時，就進行必要的品質保證相關作爲，例如：流程分析等。品質保證和品質管制的差異，在於品質保證是針對系統、制度、流程，它是事前的規劃、設計和準備工作。品質管制是針對結果、產出的驗證和允收，它是事後的抽樣、檢驗和分析工作。理論上，如果品質保證做得很好，品質管制的需要就會大幅降低，因爲當系統不會產出不良品時，就沒有必要時時刻刻去檢驗產出是否合格，至少可以減少檢查的頻率。圖 13.5 爲品質保證的方法。

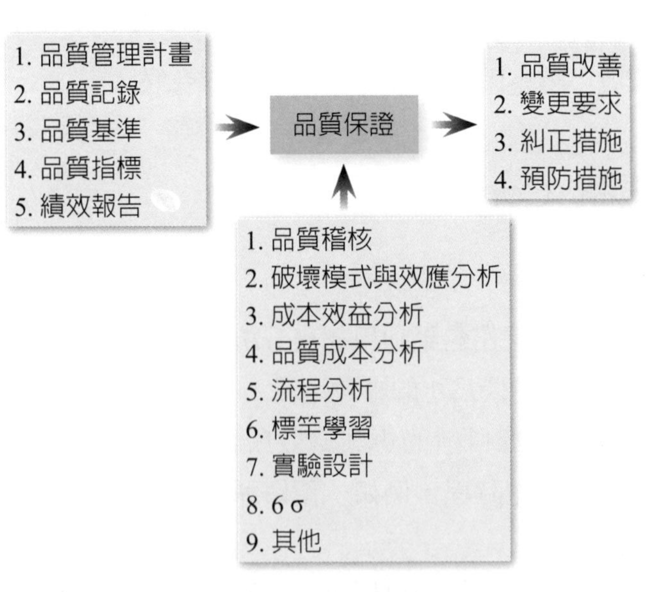

圖 13.5　品質保證的方法

輸入 (Inputs)

1. 品質管理計畫：詳細請參閱品質規劃。
2. 品質記錄：專案可交付成果經過品質管制所產出的品質記錄。
3. 品質基準：詳細請參閱品質規劃。
4. 品質指標：詳細請參閱品質規劃。
5. 績效報告：有關專案的技術績效、進度績效和成本績效等。

方法 (Mechanisms)

1. 品質稽核：定期或不定期的對專案品質管理制度進行稽核，以確定制度有被落實執行，並且找出制度的缺點，予以改進和提升。
2. 破壞模式與效應分析：事先對專案流程或專案產品進行可能的問題分析：(1) 發生度：產品問題發生的機率，(2) 難檢度：品管人員沒有檢查出來的機率，(3) 嚴重度：產品流到客戶手上的嚴重性。然後依據 80/20 原理，針對前 20% 的問題進行改善。
3. 成本效益分析：詳細請參閱品質規劃。
4. 品質成本分析：詳細請參閱品質規劃。
5. 流程分析：詳細請參閱品質規劃。
6. 標竿學習：詳細請參閱品質規劃。
7. 實驗設計：詳細請參閱品質規劃。
8. 6σ：詳細請參閱品質規劃。
9. 其他：其他適用的方法。

假設與限制 (Constraints)

輸出 (Outputs)

1. 品質改善：實施品質保證活動來改善可交付成果品質。

2. 變更要求：品質保證活動可能發現一些值得改善的地方。
3. 糾正措施：品質保證活動也可能發現一些必須制定糾正措施的地方。
4. 預防措施：品質保證活動也可能需要進行某些預防措施。

13.3 風險監督 (Risk monitoring)

風險監督是在專案執行階段，實施風險因應計畫之後，監督以下幾個事項：(1) 因應計畫是否產生效果，(2) 已知的風險是否已經發生或是產生變化，包括發生機率和衝擊，(3) 是否有新的未知風險出現，(4) 專案績效落後是否隱藏著未知的風險，(5) 品質績效不良是否代表專案存在技術風險，(6) 風險儲備的消耗程度是否表示低估風險的影響。風險經過因應之後，其實還是會有殘留的風險 (residual risk)，甚至會因爲風險因應而引發二次風險 (secondary risk)，因此監督風險是必要的作爲。如果已知風險的因應措施效果不如預期，那麼就要制定補強計畫 (fallback plan)，如果專案執行過程發現事先未知的風險，那麼就要馬上制定補救計畫 (workaround) 加以處裡。圖 13.6 爲風險監督的方法。

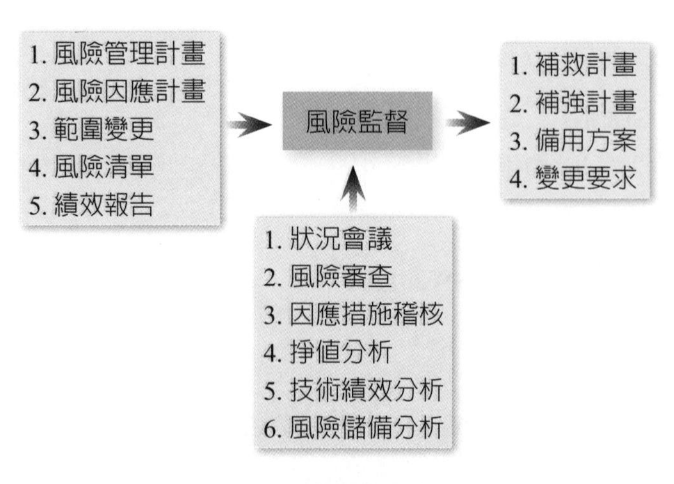

圖 13.6 風險監督的方法

輸入 (Inputs)

1. 風險管理計畫：詳細請參閱風險規劃。
2. 風險因應計畫：詳細請參閱風險因應。
3. 範圍變更：範圍變更常會引發其他的風險，例如：軟體專案多加了一個功能，軟體就產生問題，因此範圍有變更時，要監督會不會發生其他風險。
4. 風險清單：到目前爲止已經辨識的所有風險，在專案執行過程可能又發現了一些風險。
5. 績效報告：從專案的績效報告也可以發現影響達成專案目標的可能風險。

方法 (Mechanisms)

1. 狀況會議：定期的專案狀況會議必須將風險列爲主要議題之一。
2. 風險審查：審查專案風險是否發生變化，是否有新的風險產生。
3. 因應計畫稽核：對因應計畫的有效性進行稽核，如果效果不如預期，就要制定補強計畫。
4. 掙值分析：從掙值分析的績效報告可以發現一些潛在的風險。
5. 技術績效分析：從專案產品的品質績效可以發現是否有技術無法突破的問題。
6. 風險儲備分析：分析專案時間儲備和成本儲備的使用狀況，以了解到目前爲止，風險的發生概況，以及是否足夠應付後續的風險。

假設與限制 (Constraints)

輸出 (Outputs)

1. 補救計畫：專案執行過程發現原先沒有想到的新的風險，專案團隊所制定的補救計畫。
2. 補強計畫：已知風險的因應措施效果不佳，專案團隊所制定的補強計畫，例如：防雨設備效果不好，再加一層提高防雨效果。
3. 備用方案：風險監督過程發現預期的狀況發生，所以實施制定好的備用方案。
4. 變更要求：風險監督過程可能會發現風險管理的某些地方需要做修正。

13.4 招標 (Solicitation)

招標是根據採購管理計畫和招標文件的內容，買方 (buyer) 也就是專案管理方或稱業主，在需要某項物品的時候，進行該項物品的對外採購動作。首先進行招標消息的對外公告，等待有興趣的廠商前來索取招標文件，或是主動將招標文件寄給合格的潛在廠商。廠商可能是包商 (contractor) 或是供應商 (supplier)，也稱爲賣方 (seller)，在收到招標文件之後，詳細研究招標文件的內容。複雜或是有技術問題的招標案，買方可能會召開招標說明會，爲廠商解答任何不清楚的疑惑。廠商澄清了所有問題之後，就可以進行投標價格的估計，和投標文件或建議書的撰寫。需不需要提出建議書視招標文件的要求而定，基本上是以有否技術問題爲主要考量，圖 13.7 爲招標的方法。

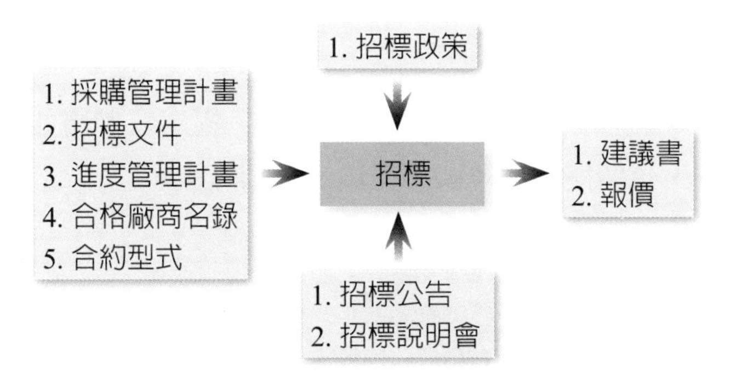

圖 13.7　招標的方法

輸入 (Inputs)

1. 採購管理計畫：詳細請參閱採購規劃。
2. 招標文件：詳細請參閱招標規劃。
3. 進度管理計畫：依照專案進度進行招標，詳細請參閱進度制定。
4. 合格廠商名錄：合格及潛在的包商及供應商名錄。
5. 合約型式：招標項目的合約型式，詳細請參閱採購規劃。

方法 (Mechanisms)

1. 招標公告：對外公告招標的訊息，包括在報紙、雜誌、網路上公告招標訊息。
2. 招標說明會：有技術問題的招標案，可以在場商收到招標文件之後，再召開一個投標說明會 (bidder conference)，澄清招標文件上的疑點，並回答廠商的問題。

假設與限制 (Constraints)

1. 招標政策：招標必須遵守組織的招標政策。

輸出 (Outputs)

1. 建議書：廠商對有技術問題的招標案，提出它們將如何執行的建議書，包括使用的技術、工法、設備等。
2. 報價：廠商對招標案的報價。

13.5 廠商選擇 (Vendor selection)

廠商選擇是從參與投標的所有廠商之中，依照評選標準和廠商選擇方法，評比他們的報價、投標文件或建議書，從中挑選出最適合該項招標案的包商或是供應商。爲了比對廠商的報價是否合理，買方可以對招標案先行估價，了解在不考慮利潤的情形下，該項招標案的最少費用，稱爲至少成本 (should cost)，如果無法正確估計，也可以委託顧問公司協助處裡。招標方式有三種：(1) 公開招標：以公告方式邀請不特定廠商投標；(2) 選擇性招標：以公告方式預先依一定資格條件辦理廠商資格審，建立合格廠商名單；(3) 限制性招標：不經公告程序，邀請二家以上廠商比價或僅邀請一家廠商議價。決標方式有兩種：(1) 最低標：只考慮價格以最低價者得標，(2) 最有利標：考慮多個評選標準，包括過去實績、履約能力、技術能力、管理能力等等。公開招標和選擇性招標可以分爲資格標、規格標和價格標三個階段進行開標。圖 13.8 爲廠商選擇的方法。

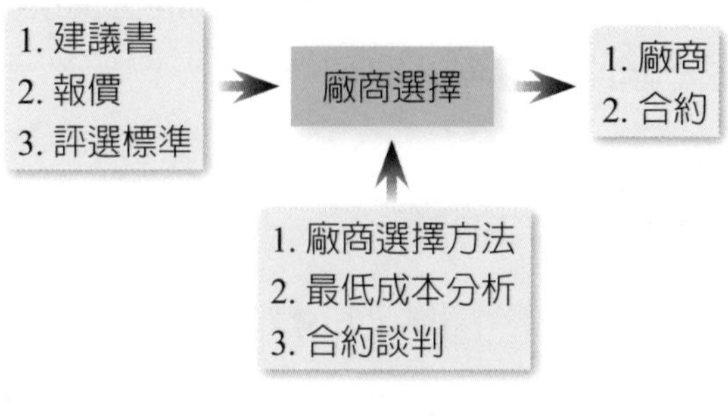

圖 13.8 廠商選擇的方法

輸入 (Inputs)

1. 建議書：詳細請參閱招標。
2. 報價：詳細請參閱招標。
3. 評選標準：詳細請參閱招標規劃。

方法 (Mechanisms)

1. 廠商選擇方法：使用最低標或是最有利標來選擇廠商。
2. 至少成本分析：業主先行估算招標案的最少成本 (should cost)，也就是在不考慮利潤的情形下，整個招標案的至少費用，用這個成本來比較廠商的報價。
3. 合約談判：和選定的廠商進行合約細部條款的談判，包括風險分攤、權利義務和付款流程等。合約談判的過程為：(1) 互相介紹 (protocol)、(2) 試探 (probing)、(3) 討價還價 (scatch bargaining)、(4) 達成共識 (closure)、(5) 結論書面化 (agreement)。合約談判的技巧有：(1) 擱置 (delay)、(2) 決策者失蹤 (missing man)、(3) 授權有限 (limited authority)、(4) 黑臉白臉 (good guy/bad guy)、(5) 過度要求 (extreme demand)、(6) 限期 (deadline)、新資訊 (surprise)、(7) 不合理 (unreasonable) 等等。

假設與限制 (Constraints)

輸出 (Outputs)

1. 廠商：招標案選定的廠商，可能是包商或是供應商。
2. 合約：最後和選定的廠商簽署招標案的合約，合約是法定的文件，廠商依照合約完成進度，業主就必須按照合約進行付款。合約可以變更，任何一方提出變更，另一方同意就可以變更。

13.6 人員招募 (Staff acquisition)

人員招募是根據人力資源管理計畫的內容，配合專案的進度，在需要人力的時候，進行人員借調或招聘的動作。專案人員可以透過授權書，從需要的部門借調過來；如果適合的人無法移到專案所在地方、或是行動不便等因素，不能以面對面的方式加入專案辦公室，那麼可以在遠端以虛擬團隊的方式參與專案。如果專案是企業投標所得之標案，那麼有些人會自動成爲專案成員，因爲在準備投標文件的時候，已經事先將他們列名在團隊名單當中。如果需要的人最後無法從內部其他部門取得，迫不得已必須由外面招聘進來時，應該考慮到專案結束之後的人員重新安置的問題。圖 13.9 爲人員招募的方法。

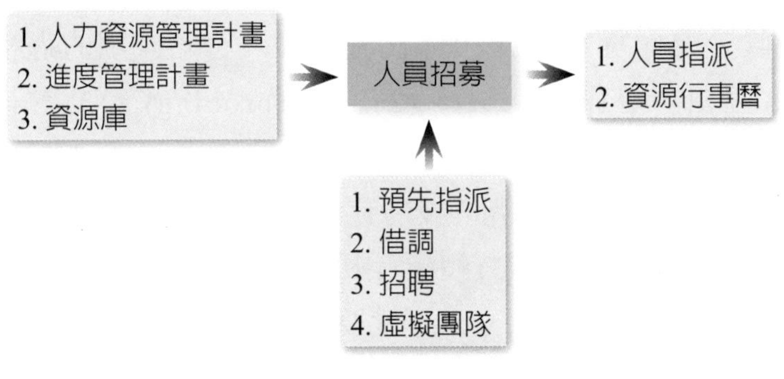

圖 13.9 人員招募的方法

輸入 (Inputs)

1. 人力資源管理計畫：詳細請參閱人力資源管理規劃。
2. 進度管理計畫：依照專案進度進行人員招募，詳細請參閱進度規劃。
3. 資源庫：組織內部可以參與專案的資源現況，詳細請參閱人力資源管理規劃。

方法 (Mechanisms)

1. 預先指派：投標進來的專案，有些專案人員已經事先安排在投標文件當中，因此不需要另行招募。
2. 借調：利用授權書從其他部門借調需要的人員過來參與專案。
3. 招聘：企業內部沒有適合的人員，或是人員目前無法參與時，可能需要從外部招聘進來。
4. 虛擬團隊：無法面對面參與專案的人員，但是專案又需要他的專業時，可以用虛擬團隊的方式協助專案，在遠端執行專案的工作。

假設與限制 (Constraints)

輸出 (Outputs)

1. 人員指派：指派所有專案成員的角色責任，包括全職和兼職的人員。
2. 資源行事曆：特殊人員或是兼職人員每週可以參與專案的行程表。

13.7 團隊建立 (Team development)

團隊建立是將招募進來的這一群人 (group)，轉變成爲一個有戰力的團隊 (team) 的過程，因爲參與這個專案之前，每個成員原先都在不同的部門，甚至不同的公司工作，具有差異懸殊的人格特質、專業背景、思維模式和成功經驗。如果沒有應用一些方法，將他們黏著塑造成一個行動一致的整體，那麼就會如同一盤散沙，無法發揮一加一大於二的效果，這就好像即使每個人都是世界級的頂尖球員，還是要嚴格訓練才能發揮戰力贏得勝利一樣。團隊建立是專案經理的責任，必須在專案過程全程實施，從專案一開始的人員集中辦公、訓練、獎勵，到過程士氣低落時的激勵、團隊活動等等，團隊建立的精神在於內在思維的一致性，而內在的一致性可以先處理外在的一致性，例如：運動選手穿著制服、專案的集中辦公、制定團隊公約等等。內在的終極一致性則有賴專案經理的溝通和領導能力。圖 13.10 爲團隊建立的方法。

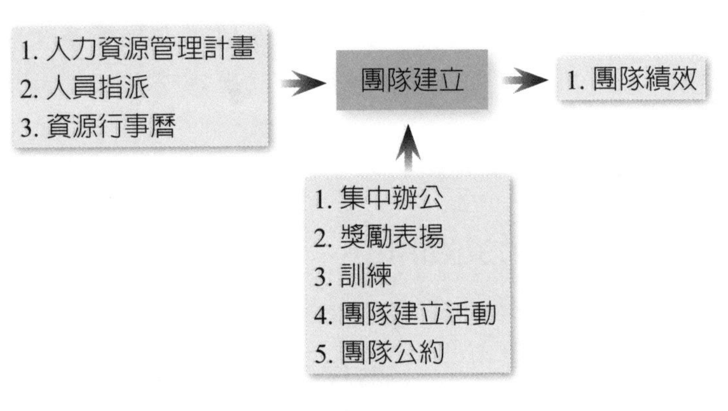

圖 13.10　團隊建立的方法

輸入 (Inputs)

1. 人力資源管理計畫：詳細請參閱人力資源管理規劃。
2. 人員指派：詳細請參閱人力資源管理規劃。
3. 資源行事曆：詳細請參閱人力資源管理規劃。

方法 (Mechanisms)

1. 集中辦公：集中辦公 (colocation) 是將所有專案成員集中在一個專案辦公室工作，如果不能全部，至少是全職人員，以增加團隊意識，提高溝通效率。
2. 獎勵表揚：制定專案的獎勵表揚措施，可以讓成員願意爲共同目標努力，獎勵表揚制度的設計應該讓努力的人都有機會得到，而不是很困難的每月一星，這樣因爲拿不到，大家反而不努力。

3. 訓練：訓練也可以把一群人變成一個團隊，訓練可以用模擬器材、面授課程、線上課程或是知識管理系統。
4. 團隊建立活動：實施一些團隊建立的活動，讓成員們彼此熟悉，增加默契，無形中凝聚團隊意識。專案經理必須在專案全程，觀察成員士氣，適時舉行團隊建立的活動，促進團隊力量的發揮。團隊建立活動可以縮短由一群人變成一個團隊的時間，也就是從團隊組成期 (forming)、混亂期 (storming)、規範期 (norming) 到績效 (performing) 的時間。如圖 13.11。

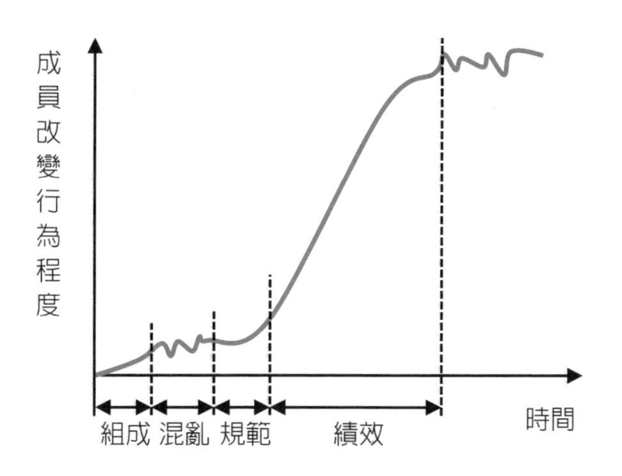

圖 13.11　團隊建立過程

5. 團隊公約：團隊公約 (ground rules) 可以讓成員知道專案希望的行爲要求和投入承諾，引導成員朝共同的方向前進，避免不必要的誤解，提高專案的績效。

假設與限制 (Constraints)

輸出 (Outputs)

1. 團隊績效：經過團隊建立活動之後，團隊所展現的整體績效，包括專案績效、溝通效率、團隊氣氛、人員變動等。如果團隊績效不好，表示還需要加入其他的作爲，例如：有些人可能需要進一步訓練、指導和協助等。

13.8 團隊管理 (Team management)

團隊管理的重點是促進團隊合作，並定期審查團隊的績效，包括有關進度、成本、品質和範圍的績效，以及處理團隊內外部溝通、意見衝突 (conflict) 和各種議題 (issue) 等。議題是指潛在的問題，如果沒有處理好，可能會演變成問題。團隊管理常見的問題是：(1) 缺乏互信、(2) 害怕衝突、(3) 缺乏承諾、(4) 逃避責任、(5) 不關心結果等。專案經理在管理團隊的時候，可以使用幾種領導模式：(1) 獨裁式 (autocratic)：專案經理獨自決策，單向溝通成員遵照服從，決策迅速適合危機狀態時的領導模式，但是如果是使用在一般狀況，則會降低成員士氣。(2) 民主式 (democratic)：成員參與決策的雙向溝通，會拉長決策時間，但是成員有參與可以提高士氣和生產力。(3) 放任式 (laissez-faire)：成員自己做決策、自己承擔結果，適合產品研發的專案活動，缺點是沒有人監督，可能會因爲判斷失誤而做錯決策。另外，隨著專案的進展，專案經理也可以適當的轉變角色，專案剛開始只有專案經理最清楚，因此專案經理可以直接指示怎麼做，但是成員愈來愈清楚之後，專案經理就可以退居到後面擔任支援的角色，如圖 13.12 所示。圖 13.13 爲團隊管理的方法。

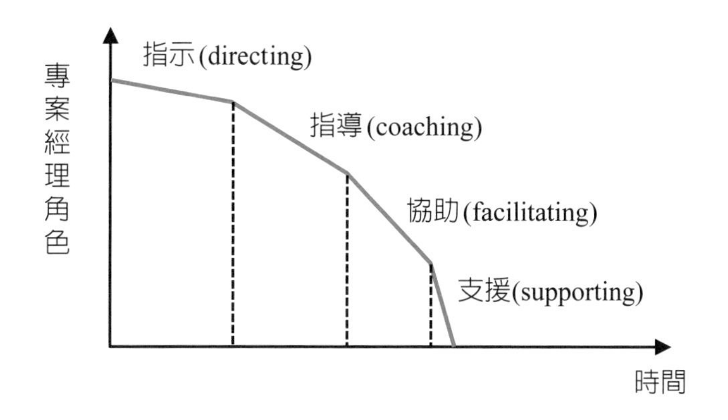

圖 13.12　專案經理角色轉換

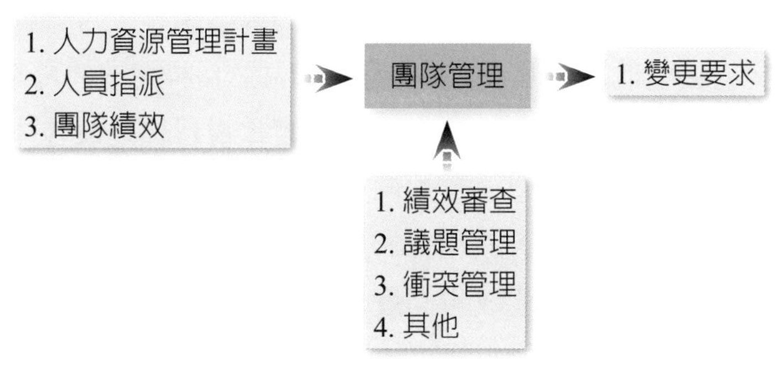

圖 13.13　團隊管理的方法

輸入 (Inputs)

1. 人力資源管理計畫：詳細請參閱人力資源管理規劃。
2. 人員指派：詳細請參閱人員招募。
3. 團隊績效：詳細請參閱團隊建立。

方法 (Mechanisms)

1. 績效審查：審查這個績效時段的團隊績效，以確認潛在的問題和風險，以及是否啓動其他的必要措施，例如：人員訓練等。

2. 議題管理：議題 (issue) 是指潛在的問題，如果沒有處理好，可能會對專案造成危害，例如：兩個一向意見不合的人，現在都是你這個專案的成員。重要的專案可能需要制定標準的議題管理程序。
3. 衝突管理：來自不同部門的專案成員，因爲有不同的成功經驗，對技術問題和處理方式一定有不同的見解，專案經理應該把意見不同，視爲可以提高專案決策品質的契機，應用專業的衝突管理技巧，化衝突爲專案的助力，提高專案生產力和創造力，促進成員之間的工作關係。專案經理的衝突管理模式如圖 13.14 所示，重視目標達成甚於人際和諧的專案經理，會傾向於強迫衝突方接受他的方法；重視人際和諧甚於目標達成的專案經理，會傾向於採取異中求同的方法；中度重視目標達成也中度重視人際和諧的專案經理，會傾向於採取各退一步的方法；不重視目標達成也不重視人際和諧的專案經理，會傾向於暫時擱置衝突；高度重視目標達成也高度重視人際和諧的專案經理，會傾向於採取面對問題解決問題的方法，這是解決衝突最好的方法。
4. 其他：其他適用的團隊管理方法。

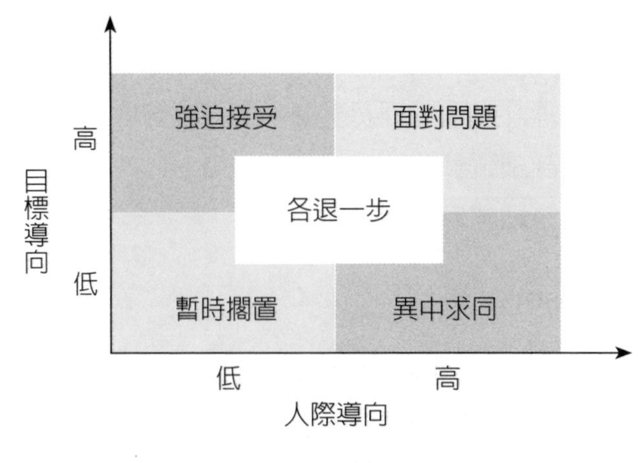

圖 13.14　衝突管理模式

假設與限制 (Constraints)

輸出 (Outputs)

1. 變更要求：團隊管理的過程可能會發現需要修正的地方，例如：意見不合的兩個人始終還是堅持己見，對專案造成困擾，最後只好將其中一個人重新指派到其他專案，但是理由要光明正大，才不會爲未來又留下潛在問題的引信。

13.9 關係人管理 (Stakeholder management)

關係人管理是依照關係人管理計畫的內容，定期與關係人互動、溝通以滿足他們的需求。簡單來說，關係人就是那些會被專案影響以及會影響專案的所有人，這些人有些在專案初期比較有影響力，有些在專案中期影響較大，有些則是在專案後期才影響專案。一般來說，關係人被要求對專案提供意見的程度愈高，以及被告知專案訊息的頻率愈多，對專案的支持度就會愈高。基本上，不同的關係人一定會有不同的需求，因此滿足所有關係人的不同需求，是專案團隊的一大挑戰。當關係人的利益發生衝突時，專案團隊應該先以客戶的利益爲主要考量，其次是企業的利益，最後才是個別關係人的利益。一個誠實、積極、勇於任事的專案經理，一定會獲得關係人的支持。圖13.15 爲關係人管理的方法。

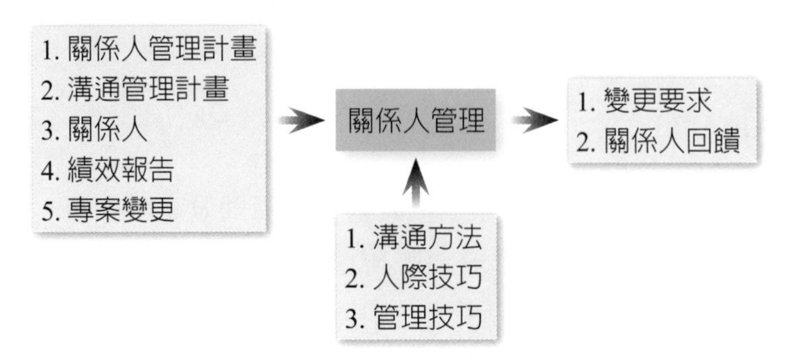

圖 13.15　關係人管理的方法

輸入 (Inputs)

1. 關係人管理計畫：詳細請參閱關係人管理規劃。
2. 溝通管理計畫：詳細請參閱溝通管理規劃。
3. 關係人：詳細請參閱關係人管理規劃。
4. 績效報告：有關專案進度、成本、品質、範圍的績效報告。
5. 專案變更：有關專案進度、成本、品質、範圍的變更及影響。

方法 (Mechanisms)

1. 溝通方法：依據溝通管理計畫的內容，在規定的時間，使用規劃的方法，及時的將溝通需求傳遞給每個專案關係人。
2. 人際技巧：專案經理與管理團隊應該發揮高度的人際關係與溝通技巧，與關係人積極應對、互動，傾聽以取得關係人的信任，回答關係人的問題，解決任何意見上的衝突，消除關係人的阻力，提高專係人對專案的支持。
3. 管理技巧：專案經理與管理團隊要應用熟練的管理技巧來促進關係人對專案目標的同意，影響關係人去支持專案，協調資源來滿足專案需求，以及改變組織作風來接受專案成果。

假設與限制 (Constraints)

輸出 (Outputs)

1. 變更要求：與關係人溝通應對之後，可能會需要提出變更要求。
2. 關係人回饋：關係人接收到專案的訊息之後，可能會有專案運作的意見回饋。

13.10 資訊傳遞 (Information distribution)

資訊傳遞是依據溝通管理計畫的內容，定期或不定期的使用指定的方式，或關係人希望的方式，將所需要的訊息，即時的傳遞給需要的人，包括需要該資訊的專案成員及其他所有的專案關係人。定期是指排定好的資訊需求，不定期是指臨時性的資訊需求，指定的方式是指使用包括會議、E-mail、視訊、網路會議、公告等等或其他的資訊傳遞方式。專案會議是最常採用的資訊傳遞方式，一般建議專案團隊會議每週一次，專案團隊與發起人每二週一次，專案團隊與客戶每月一次，但是還是要看專案的特性，及發起人和客戶的要求而定。專案會議要依照會議目的，而有不同的處理重點，例如：公布訊息的會議，重點在讓出席者聽；決策會議的重點在決策者要出席；解決問題的會議重點在問題專家要在場；蒐集資料的會議重點在讓出席者說。圖 13.16 為資訊傳遞的方法。

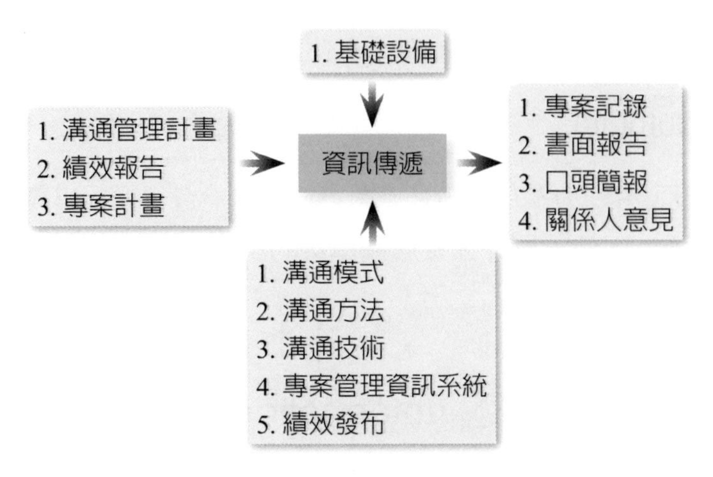

圖 13.16　資訊傳遞的方法

輸入 (Inputs)

1. 溝通管理計畫：詳細請參閱溝通管理規劃。
2. 績效報告：有關專案進度、成本、品質、範圍的績效報告。
3. 專案計畫：專案計畫中有專案基準，可以判定訊息的急迫性。

方法 (Mechanisms)

1. 溝通模式：詳細請參閱溝通管理規劃。
2. 溝通方法：詳細請參閱溝通管理規劃。
3. 溝通技術：詳細請參閱溝通管理規劃。
4. 專案管理資訊系統：可以協助發布專案績效的軟體資訊系統。
5. 績效發布：發布專案的績效給所有專案關係人。

假設與限制 (Constraints)

1. 基礎設備：現有資訊基礎設備會限制資訊傳遞的效率。

輸出 (Outputs)

1. 專案記錄：有關專案這個績效時段的所有記錄，包括採購記錄、品管記錄、變更記錄、風險記錄等等。
2. 書面報告：製作專案本階段績效的書面報告，內容包括本階段的主要工作，完成項目、未完成項目，本階段花費、技術績效、最新風險況，下階段的主要工作等。
3. 口頭簡報：由工作包小組負責人對專案關係人進行口頭簡報，傳達訊息，相互討論並回答問題。
4. 關係人意見：關係人對本階段的綜合意見，專案團隊作爲下階段改進的依據。

13.11 安全維護 (Safety plan execution)

安全維護是依照安全管理計畫的內容，在執行有安全疑慮的作業之前，所進行的安全維護動作，包括安全處裡活動和執行人員的訓練和上工前的檢查。安全衛生法規要求的安全維護內容，專案團隊必須嚴格遵守，以滿足法律規定和保護人員安全。必要時，專案應成立安全委員會，以監督和稽核 (定期和不定期) 安全管理計畫的落實程度，留下檢查記錄並保留到法定期限。專案執行人員的教育訓練和安全意識，是人員安全的最大保障，其次是稽核人員的檢驗和抽查。創造一個安全的工作環境是專案經理的責任，絕對不能草率行事，試圖以危險獎金或其他方式，促使專案人員暴露在危險的工作處境，因爲專案的成功必須以人員安全作爲前提。圖 13.17 爲安全維護的方法。

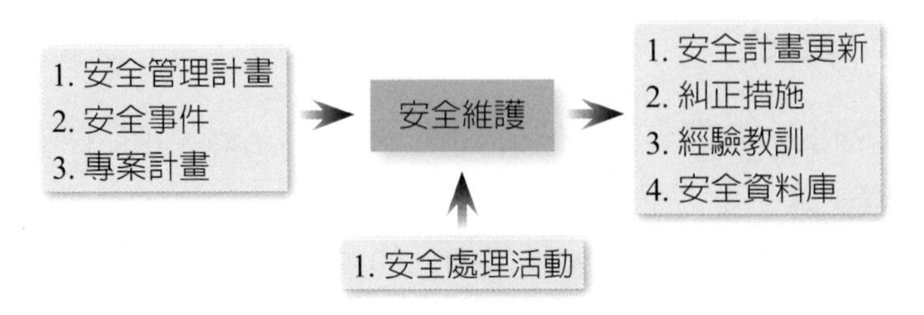

圖 13.17　安全維護的方法

輸入 (Inputs)

1. 安全管理計畫：詳細請參閱安全規劃。
2. 安全事件：突發的安全事件。
3. 專案計畫：專案計畫中有所有活動，可以知道何時需要安全維護。

方法 (Mechanisms)

1. 安全處理活動：維護專案人員安全的所有必要作爲。

假設與限制 (Constraints)

輸出 (Outputs)

1. 安全計畫更新：如果發生新的安全事件，原來的安全計畫要更新。
2. 糾正措施：制定並實施適當的安全措施，以降低安全事件的傷害。
3. 經驗教訓：留存有關安全事件的發生和處理的經驗教訓，給未來的專案團隊參考。
4. 安全資料庫：所有和專案安全有關的資料庫。

Chapter 14

控制專案 (Controling a project)

控制專案是當實際績效不符合計畫績效時，對專案團隊提出的變更要求，進行核准與否的審核控制。變更的控制一般可以分成幾個等級進行審核，以避免單一核准層級的過度負荷，或是沒有必要讓大小變更都由同一個層級處理。例如：進度追加的變更控制可以分為：(1)2 天內專案經理可以核准，(2)3 到 5 天發起人可以核准，(3)6 天以上需經客戶同意。有制定專案管理制度的企業，通常都設計有變更管制系統 (change control system)，內容包括：(1) 什麼樣的變更，哪些人要參加審查會議、(2) 變更要走的程序、(3) 變更大小的核准層級、(4) 什麼變更要用哪種表單，以及 (5) 追蹤變更後，是不是該變的地方已經變了的系統。值得注意的是，專案變更控制的主要目的是避免沒有必要的變更。專案變更的處理通常包括以下五個步驟：(1) 任何專案關係人提出變更要求、(2) 專案經理指定人員分析變更的影響、(3) 變更管制委員會核准與否的決策、(4) 專案成員執行變更、(5) 專案建檔變更。圖 14.1 為控制專案的流程，圖 14.2 為控制專案的步驟。

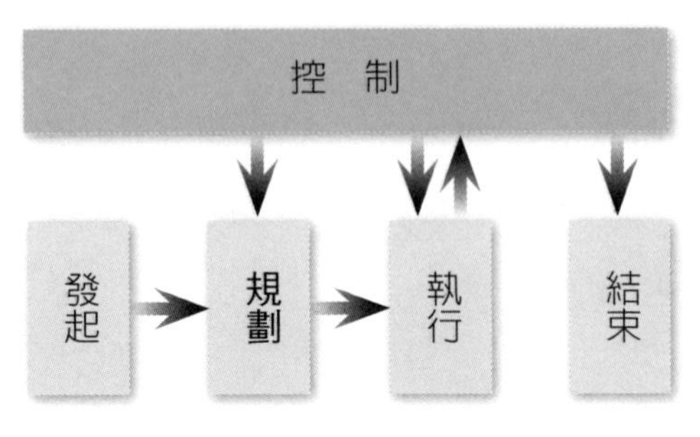

圖 14.1　控制專案流程

14.1 進度控制 (Schedule control)

進度控制是指變更管制委員會針對專案團隊所提的進度變更要求，通常是追加進度，進行核准與否的管制，變更管制委員會首先對目前的進度績效進行審查，也就是了解實際進度績效和計畫進度績效 (進度基準) 的差距，以及審視進度變更對專案的影響，分析變更理由的合理性，然後決定核准，還是拒絕變更。變更管制委員會只是對進度變更要求進行通不通過的決議，並不會對進度變更提出修正的意見。執行專案的組織應該要制定進度的變更管制系統，包括：(1) 變更管制委員會：那些人要參加開會；(2) 核准層級：多大的變更需要誰核准；(3) 核准程序：核准的程序；(4) 標準表單：使用標準的表格，和 (5) 追蹤系統：誰負責追蹤所有需要變更的地方，有沒有都已經變更。如果進度變更要求被否決，那麼專案經理就要帶領團隊，設法在時間不夠的情況下完成專案。圖 14.3 為進度控制的方法。

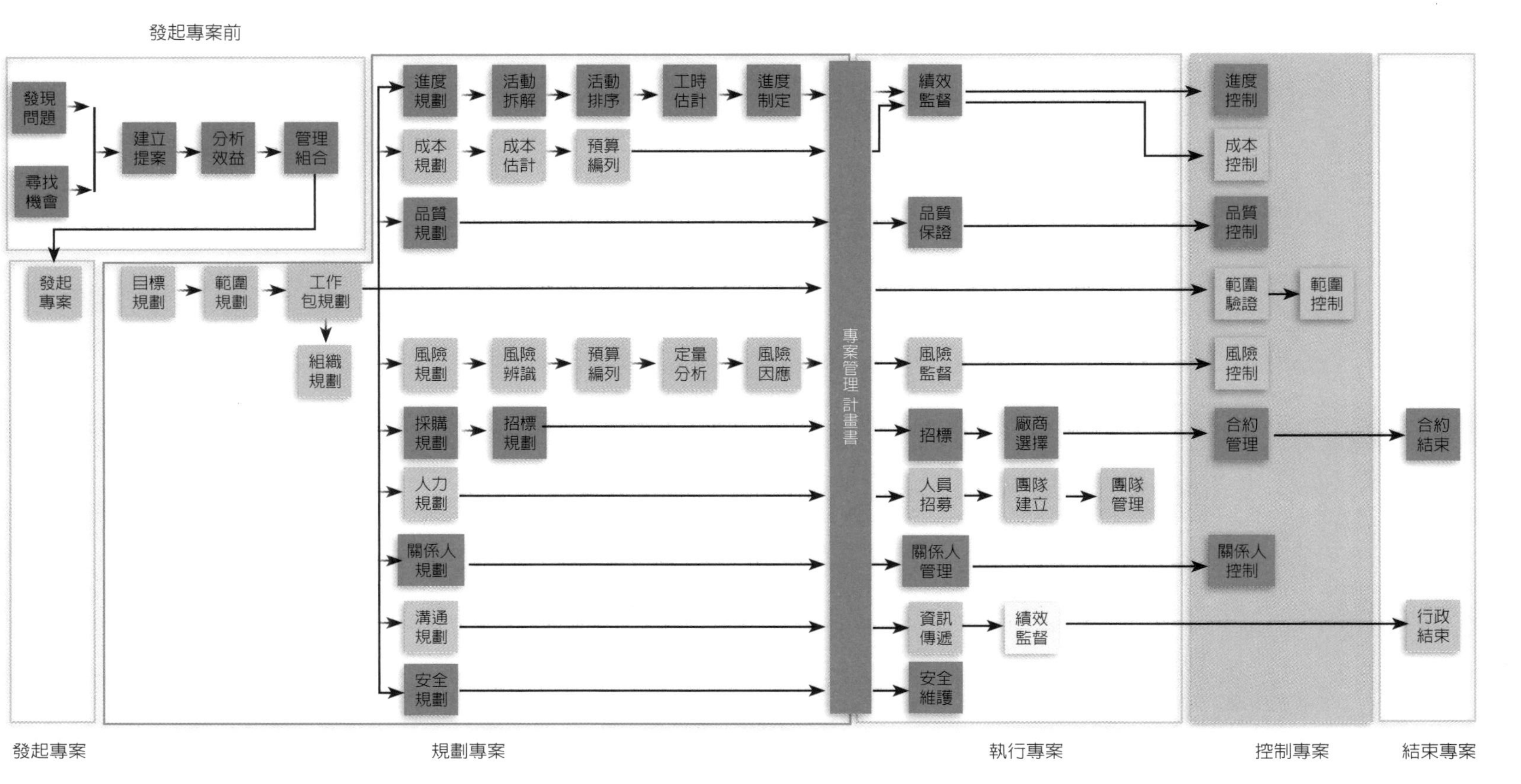

發起專案前
發現問題
尋找機會
建立提案
分析效益
管理組合
發起專案
目標規劃
範圍規劃
工作包規劃
組織規劃
進度規劃
活動拆解
活動排序
工時估計
進度制定
成本規劃
成本估計
預算編列
品質規劃
風險規劃
風險辨識
預算編列
定量分析
風險因應
採購規劃
招標規劃
人力規劃
關係人規劃
溝通規劃
安全規劃
專案管理計畫書
績效監督
品質保證
風險監督
招標
廠商選擇
人員招募
團隊建立
團隊管理
關係人管理
資訊傳遞
績效監督
安全維護
進度控制
成本控制
品質控制
範圍驗證
範圍控制
風險控制
合約管理
關係人控制
合約結束
行政結束
發起專案
規劃專案
執行專案
控制專案
結束專案

圖 14.2　控制專案步驟

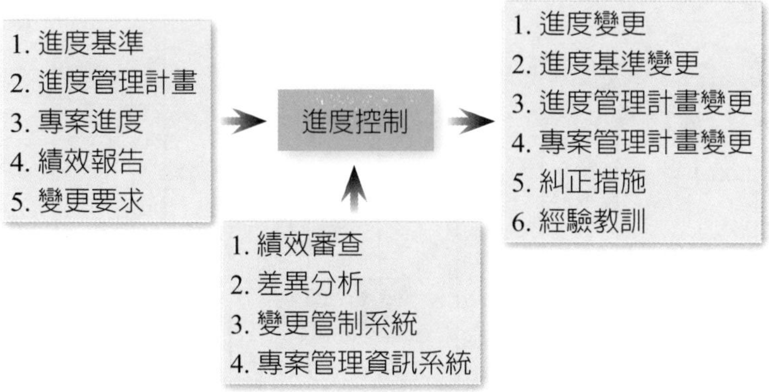

1. 進度基準
2. 進度管理計畫
3. 專案進度
4. 績效報告
5. 變更要求

進度控制

1. 進度變更
2. 進度基準變更
3. 進度管理計畫變更
4. 專案管理計畫變更
5. 糾正措施
6. 經驗教訓

1. 績效審查
2. 差異分析
3. 變更管制系統
4. 專案管理資訊系統

圖 14.3　進度控制的方法

輸入 (Inputs)

1. 進度基準：詳細請參閱進度制定。
2. 進度管理計畫：詳細請參閱進度制定。
3. 專案進度：詳細請參閱進度制定。
4. 績效報告：有關專案進度的績效報告。
5. 變更要求：有關專案進度的變更要求。

方法 (Mechanisms)

1. 績效審查：審查這個階段的專案進度績效。
2. 差異分析：比較計畫績效 (進度基準) 和實際績效的差距。
3. 變更管制系統：控制進度變更是否核准的管制系統，參加者包括和專案進度有關的所有重要專案關係人。
4. 專案管理資訊系統：專案管理資訊系統有助於提高進度變更的管制效率。

假設與限制 (Constraints)

輸出 (Outputs)

1. 進度變更：進度的變更要求如果被委員會核准，那麼原來的專案進度就要變更。
2. 進度基準變更：專案進度既然變更了，進度基準也要做變更。
3. 進度管理計畫變更：進度基準變更，進度管理計畫當然也要變更。
4. 專案管理計畫變更：進度管理計畫是專案管理計畫的子計畫，所以專案管理計畫也要變更，並重新發給所有專案關係人。
5. 糾正措施：本階段雖然核准了變更，但是落後部分如何在下階段趕回來，提出進度變更的工作包小組必須提出糾正措施，說明如何追回進度。
6. 經驗教訓：雖然進度不得已做了變更，但是爲什麼規劃時沒有預想到這個變更、爲什麼要採取這樣的變更因應對策。所以這些都要留下記錄，作爲專案的經驗教訓，以免未來專案再度發生類似問題。

14.2 成本控制 (Cost control)

成本控制是指變更管制委員會針對專案團隊所提的成本變更要求，通常是追加預算，進行核准與否的管制，變更管制委員會首先對目前的成本績效進行審查，也就是了解實際成本績效和計畫成本績效 (成本基準) 的差距，以及審視成本變更對專案的影響，分析變更理由的合理性，然後決定核准，還是拒絕變更。同樣，變更管制委員會不會對變更提供意見，只會針對變更作出核准，還是否決的決定。如果成本變更要求被核准，那麼成本基準、成本管理計畫、專案管理計畫也要變更，並重新分發給所有需要的成員。如果成本變更要求被否決，那麼專案經理就要帶領團隊，設法在預算不足的情況下完成專案。圖 14.4 爲成本控制的方法。

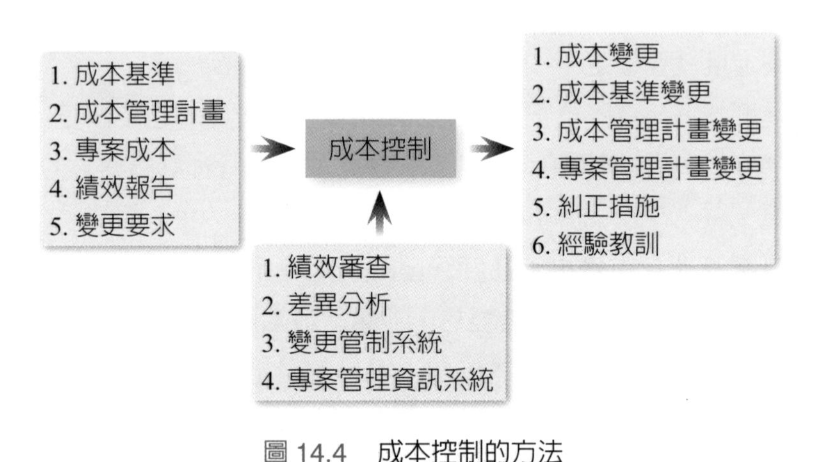

圖 14.4　成本控制的方法

輸入 (Inputs)

1. 成本基準：詳細請參閱預算編列。
2. 成本管理計畫：詳細請參閱預算編列。
3. 專案成本：詳細請參閱預算編列。
4. 績效報告：有關專案成本的績效報告。
5. 變更要求：有關專案成本的變更要求。

方法 (Mechanisms)

1. 績效審查：審查這個階段的專案成本績效。
2. 差異分析：比較計畫績效 (成本基準) 和實際績效的差距。
3. 變更管制系統：控制成本變更是否核准的管制系統，參加者包括和專案成本有關的所有重要專案關係人。
4. 專案管理資訊系統：專案管理資訊系統有助於提高成本變更的

管制效率。

假設與限制 (Constraints)

輸出 (Outputs)

1. 成本變更：成本的變更要求如果被委員會核准，那麼原來的專案成本就要變更。
2. 成本基準變更：專案成本既然變更了，成本基準也要做變更。
3. 成本管理計畫變更：成本基準變更，成本管理計畫當然也要變更。
4. 專案管理計畫變更：成本管理計畫是專案管理計畫的子計畫，所以專案管理計畫也要變更，並重新發給所有專案關係人。
5. 糾正措施：本階段雖然核准了變更，但是超支部分如何在下階段趕回來，提出成本變更的工作包小組必須提出糾正措施，說明如何減少成本。
6. 經驗教訓：雖然成本不得已做了變更，但是爲什麼規劃時沒有預想到這個變更、爲什麼要採取這樣的變更因應對策。所以這些都要留下記錄，作爲專案的經驗教訓，以免未來專案再度發生類似問題。

14.3 品質控制 (Quality control)

品質控制是針對專案定期的產出進行品質檢驗的動作，以驗證完成的可交付成果有沒有符合品質基準的要求；換句話說，就是了解做完的東西有沒有做好。品質基準 (quality baseline) 要在品質規劃階段確認清楚，品質基準是指產品或服務的功能或非功能特性，這些特性可以透過品質指標 (quality metrics) 來加以衡量。根據不同的專案可交付成果，品質控制的方法可能不同，但是基本上都是依照這個程序：(1) 抽樣：分爲計數抽樣 (attribute sampling) 和計量抽樣 (variable sampling)，(2) 檢驗：依專案產品或服務而定，可能是尺寸測量、成分檢查等等，(3) 分析：利用各種圖表加以分析歸納，以確認品質是否合格，以及品質隨著時間的變化趨勢。造成專案產品品質變異的原因有：(1) 隨機 (random)：無法人爲控制的因素，和 (2) 非隨機 (non-random)：可以人爲控制的因素，品質管理的目的就是控制非隨機因素，來改善產品的品質。圖 14.5 爲品質控制的方法。

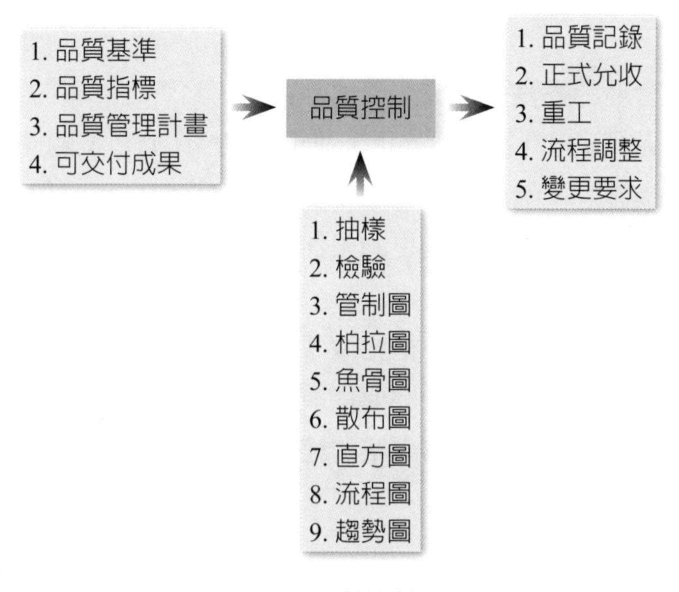

圖 14.5　品質控制的方法

輸入 (Inputs)

1. 品質基準：詳細請參閱品質規劃。
2. 品質指標：詳細請參閱品質規劃。
3. 品質管理計畫：詳細請參閱品質規劃。

4. 可交付成果：專案完成的可交付成果，需要經過品質管制的檢驗。

方法 (Mechanisms)

1. 抽樣：從母體中抽出需要的樣本數進行檢驗，需要抽樣的原因可能是：(1) 全部檢查成本太高，(2) 全部檢查時間太長，(3) 全部檢查不可能。
2. 檢驗：檢驗抽樣出來的專案可交付成果，檢驗方法依不同專案而有不同，可能是測量、測試、檢查、分析、審查、稽核和勘察等。
3. 管制圖：管制圖 (control chart) 是用來判斷製程是否失效的方法，管制圖上有上限、中限和下限，生產人員依規定定期抽樣檢驗生產的產品，然後把結果畫在圖上，如果發生七點定理 (rule of seven) 所指的以下現象，代表製程有問題，應馬上停止生產檢查機器：(1) 連續七點在中限的上方，(2) 連續七點在中限的下方，(3) 連續七點上升，(4) 連續七點下降。管制圖可分爲 $\bar{x}-R$ 管制圖 (平均值與全距)、P 管制圖 (不合格率)、P_n 管制圖 (不合格數)、C 管制圖 (缺點數)、U 管制圖 (單位缺點數) 等。圖 14.6 爲管制圖範例。

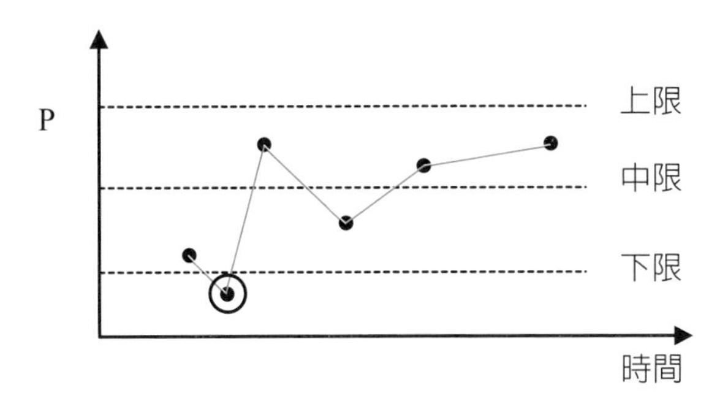

圖 14.6　管制圖範例

4. 柏拉圖：柏拉圖 (Pareto chart) 說明大部分品質問題來自少數原因，又稱爲 80/20 原理或 ABC 圖。圖 14.7 爲柏拉圖範例。

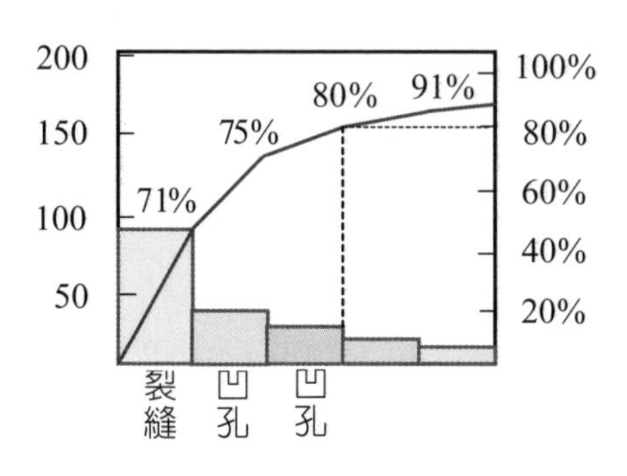

圖 14.7　柏拉圖範例

5. 魚骨圖：魚骨圖 (fish bone diagram) 是用來探討品質問題的原因，又稱爲要因圖或特性要因圖 (cause-and-effect)，也稱爲石川圖 (Ishikawa diagram)。魚骨圖的魚頭向右是要找問題的原因，魚骨圖的魚頭向左是要找解決的對策。圖 14.8 爲魚骨圖範例。

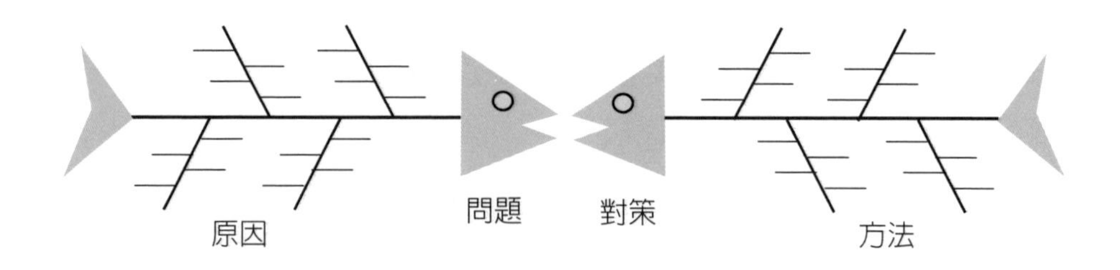

圖 14.8　魚骨圖範例

6. 散布圖：散布圖 (scatter diagram) 可以呈現某品質問題測量值與可能原因之間的相關程度，可以分爲正相關、負相關、不相關。圖 14.9 爲散布圖範例。

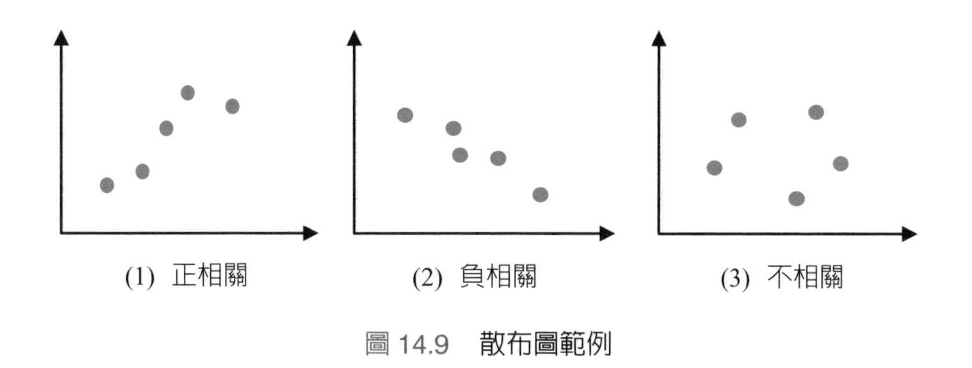

圖 14.9　散布圖範例

7. 直方圖：直方圖 (histogram) 可以顯示品質問題發生的次數或頻率，人力資源負荷圖就是直方圖。圖 14.10 爲直方圖範例。

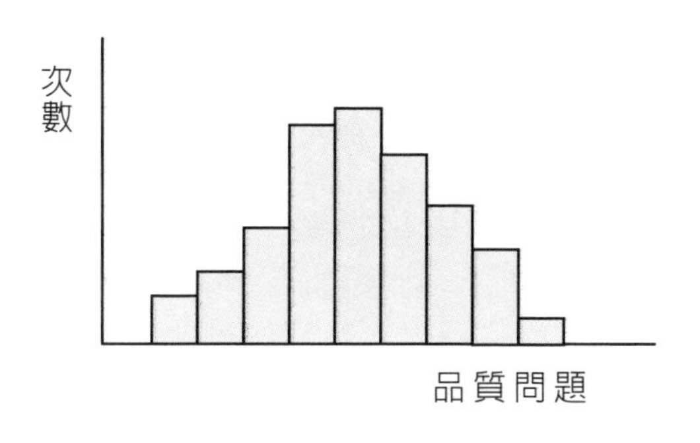

圖 14.10　直方圖範例

8. 流程圖：流程圖 (flow chart) 可以探討專案產品的生產流程或是專案制度的管理流程，分析流程圖可以協助發現品質問題。圖 14.11 流程圖範例。

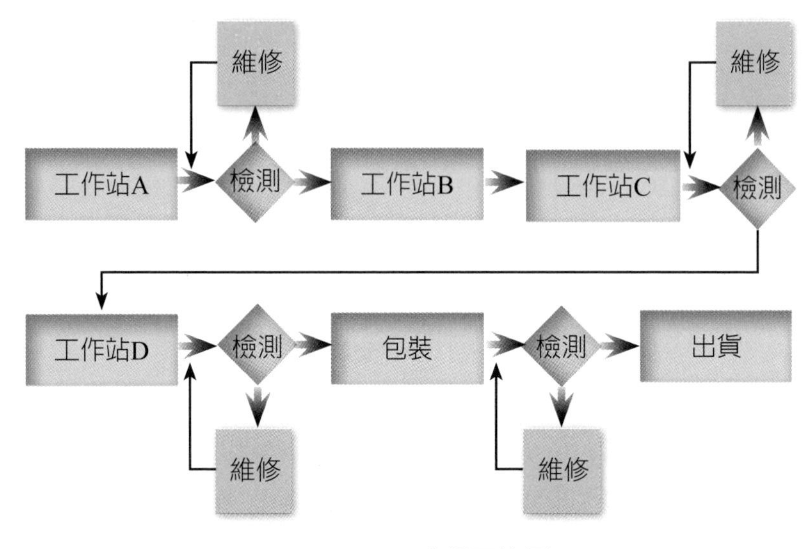

圖 14.11 流程圖範例

9. 趨勢圖：趨勢圖 (run chart) 說明品質績效隨著時間變化的曲線圖。圖 14.12 爲趨勢圖範例。

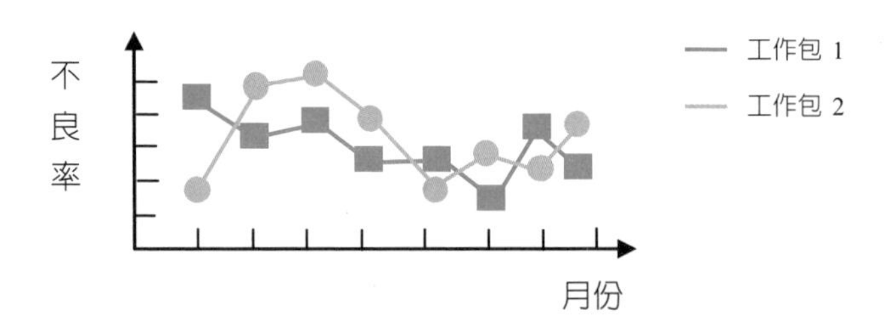

圖 14.12 趨勢圖範例

假設與限制 (Constraints)

輸出 (Outputs)

1. 品質記錄：品質管制過程留下的檢驗及測試記錄等。

2. 正式允收：檢驗結果符合品質基準的要求，因此可交付成果允收。
3. 重工：檢驗結果不符合品質基準的要求，產品不良必須要修正。
4. 流程調整：檢驗結果產品不符合品質基準的要求，製造流程必須要調整。
5. 變更要求：品質管制過程可能要提出變更要求。

14.4 範圍驗證 (Scope verification)

範圍驗證是定期對專案可交付成果的範圍檢驗；簡單的說，品質是可交付成果的質量，範圍是可交付成果的數量，所以範圍驗證就是檢驗該做的部分有沒有做完。進行專案可交付成果的驗收時，首先應該檢驗品質，品質合格之後再檢查範圍，如果品質不合格，就不用檢查範圍，因爲已經拒收了，範圍有沒有通過就不重要了。所以品質不合格一定拒收，但是範圍不對則不一定拒收，因爲品質是衡量正確性 (correctness)，範圍是衡量接受性 (acceptability)，範圍不對如果不影響整體功能，也有可能被接受。這就好像專案要組裝十臺機器，這是計畫完成的範圍，有沒組裝完是範圍問題，機器組裝得好不好是品質問題，如果最後組裝了八臺，機器測試生產品質都合格，而且八臺已經達到預定整體產能，最後客戶也可能簽收結束專案。圖 14.13 爲範圍驗證的方法。

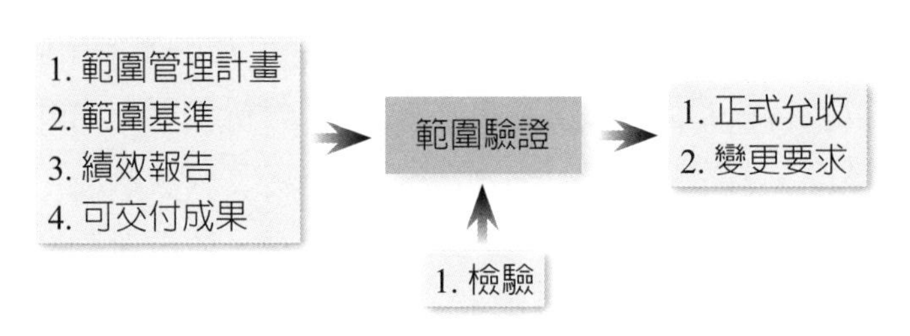

圖 14.13　範圍驗證的方法

輸入 (Inputs)

1. 範圍管理計畫：詳細請參閱範圍規劃。
2. 範圍基準：詳細請參閱範圍規劃。
3. 績效報告：有關專案範圍的績效報告。
4. 可交付成果：等待驗證專案範圍的已完成的可交付成果。

方法 (Mechanisms)

1. 檢驗：檢驗專案範圍是否符合範圍基準的要求，方法依不同專案而定，可能是測量、測試、檢查或勘查等。

假設與限制 (constraints)

輸出 (Outputs)

1. 正式允收：本績效階段的範圍驗證通過允收。
2. 變更要求：沒有驗證通過的可交付成果，可能需要提出範圍變更要求。

14.5 範圍控制 (Scope control)

範圍控制是指變更管制委員會針對專案團隊所提的範圍變更要求，所進行的核准與否的管制，變更管制委員會首先對目前的範圍績效進行審查，也就是了解實際範圍績效和計畫範圍績效 (範圍基準) 的差距，以及審視範圍變更對專案的影響，分析變更理由的合理性，然後決定核准，還是拒絕變更。如果範圍變更要求被核准，那麼範圍基準、範圍管理計畫、專案管理計畫也要變更，並重新分發給所有需要的成員。如果範圍變更要求被否決，那麼專案經理就要帶領團隊，設法在預算的時間內完成專案範圍。範圍變更有時會引發其他的問題，所以範圍變更核准之後，要作爲風險監督的輸入，也就是監督範圍變更是否會產生任何風險事件。圖 14.14 爲範圍控制的方法。

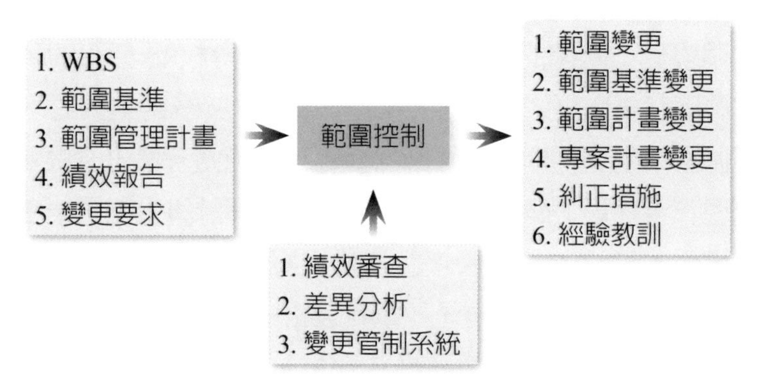

圖 14.14　範圍控制的方法

輸入 (Inputs)

1. WBS：詳細請參閱工作分解結構規劃。
2. 範圍基準：詳細請參閱範圍規劃。
3. 範圍管理計畫：詳細請參閱範圍規劃。
4. 績效報告：有關專案範圍的績效報告。
5. 變更要求：有關專案範圍的變更要求。

方法 (Mechanisms)

1. 績效審查：審查這個階段的專案範圍績效。
2. 差異分析：比較計畫績效 (範圍基準) 和實際績效的差距。
3. 變更管制系統：控制範圍變更是否核准的管制系統，參加者包括和專案範圍有關的所有重要專案關係人。

假設與限制 (Constraints)

輸出 (Outputs)

1. 範圍變更：範圍的變更要求如果被委員會核准，那麼原來的專案範圍就要變更。
2. 範圍基準變更：專案範圍既然變更了，範圍基準也要做變更。
3. 範圍計畫變更：範圍基準變更，範圍管理計畫當然也要變更。
4. 專案計畫變更：範圍管理計畫是專案管理計畫的子計畫，所以專案管理計畫也要變更，並重新發給所有專案關係人。
5. 糾正措施：本階段雖然核准了變更，但是落後部分如何在下階段趕回來，提出範圍變更的工作包小組必須提出糾正措施，說明如何追回範圍。
6. 經驗教訓：雖然範圍不得已做了變更，但是爲什麼規劃時沒有預想到這個變更、爲什麼要採取這樣的變更因應對策。所以這些都要留下記錄，作爲專案的經驗教訓，以免未來專案再度發生類似問題。

14.6 風險控制 (Risk control)

風險控制是依照風險管理計畫和風險因應計畫的內容，對已知風險的機率和衝擊變化，以及未知風險的出現所進行的處理和管控。已知的風險雖然已經制定了因應計畫，但是在專案執行時的風險監督過程，有可能發現因應措施效果不如預期，因此必須進行風險的控制，也就是制定因應計畫的補強措施來控制風險。如果在風險監督時，發生預期的狀況 I，那麼就執行事先規劃好的備用方案 A 來控制風險。如果在專案執行過程產生新的額外風險，也就是事先沒有想到的風險，那麼專案團隊要馬上制定和執行補救計畫來控制這個新風險。簡單來說，風險控制就是處理舊風險的變化，和因應新風險的出現。圖 14.15 為風險控制的方法。

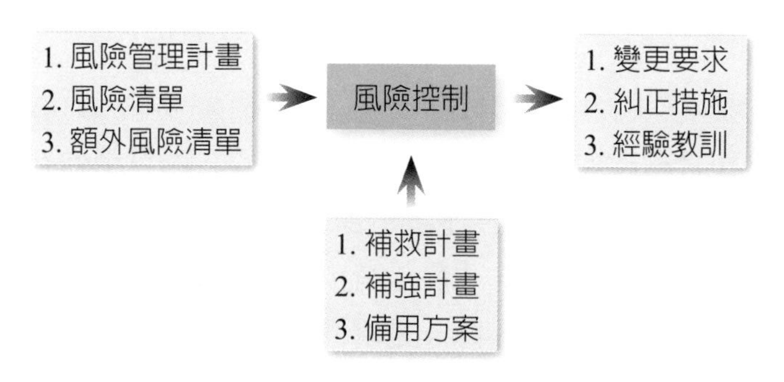

圖 14.15　風險控制的方法

輸入 (Inputs)

1. 風險管理計畫：詳細請參閱風險因應。
2. 風險清單：到目前為止已經辨識的所有風險。
3. 額外風險清單：在專案執行過程又發現的新風險。

方法 (Mechanisms)

1. 補救計畫：詳細請參閱風險監督。
2. 補強計畫：詳細請參閱風險監督。
3. 備用方案：詳細請參閱風險監督。

假設與限制 (Constraints)

輸出 (Outputs)

1. 變更要求：風險控制過程可能會提出變更要求。
2. 糾正措施：風險控制過程可能會提出糾正措施。

3. 經驗教訓：風險控制過程的經驗教訓。

14.7 合約管理 (Contract management)

合約管理是依照合約的內容，定期審查廠商 (外包商和供應商) 的實際績效和合約績效的差異，包括範圍績效、品質績效和進度績效，以決定是否符合合約進度應該付款。成本因爲有合約價格爲依據，而且付款會連結到進度，也就是有多少進度才會付多少款項，因此成本績效通常不會是問題，除非是實價合約或是廠商有追加成本的場合，才需要特別管理成本績效。合約管理的基本精神是廠商依合約完成進度，專案管理方就要依合約進行付款。合約管理的過程如果發現任何需要澄清的問題，應該以正式書面方式進行溝通，以利雙方了解問題，並作爲日後有訴訟需要時的證據資料。另外，合約只要任何一方提出，另一方同意就可以變更。圖 14.16 爲合約管理的方法。

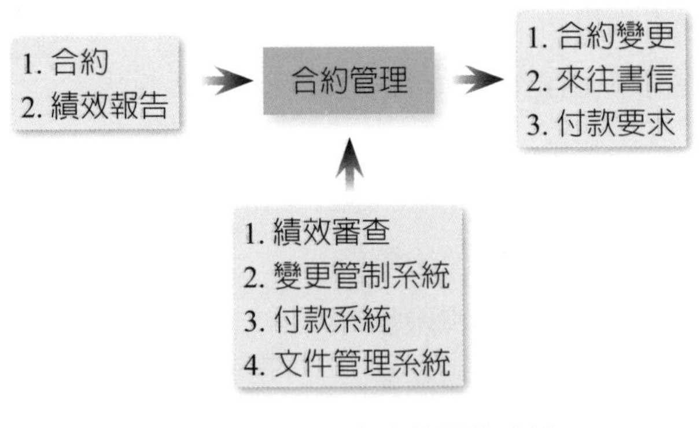

圖 14.16　合約管理的方法

輸入 (Inputs)

1. 合約：詳細請參閱廠商選擇。
2. 績效報告：廠商的階段性績效報告。

方法 (Mechanisms)

1. 績效審查：審查廠商的實際績效是否符合合約的要求。
2. 變更管制系統：控制合約變更的管制系統。
3. 付款系統：廠商完成合約規定，向出納部門要求付款的單據上，必須設計有專案經理的簽名認可，以免廠商未完成工作而逕行付款。
4. 文件管理系統：管理合約保存、更新、版本、存取的文件系統。

假設與限制 (Constraints)

輸出 (Outputs)

1. 合約變更：合約經一方提出變更，另一方同意之後的變更。
2. 來往書信：雙方澄清問題的書面來往記錄，包括合約變更和會議記錄等。
3. 付款要求：廠商準時交貨或完成可交付成果，所提出的階段付款要求。

14.8 關係人控制 (Stakeholder control)

關係人控制的主要目的是控制與所有專案關係人之間的關係，以及必要時，修正關係人管理計畫和管理策略。隨著專案的進展，即使專案的環境產生變化，良好適當的關係人控制仍然可以提高專案關係人管理活動的效率與效能。關係人控制的主要方法是在專案狀況審查會議中，所有成員分享和分析與關係人互動的所有資訊，然後採取必要的應變措施。圖 14.17 爲關係人控制的方法。

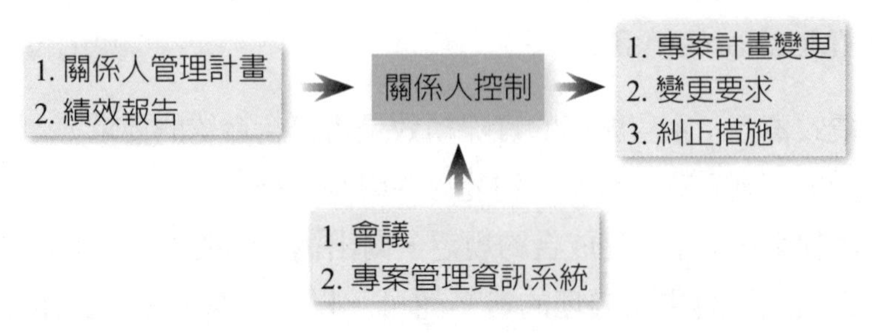

圖 14.17　關係人控制的方法

輸入 (Inputs)

1. 關係人管理計畫：詳細請參閱關係人管理規劃。
2. 績效報告：詳細請參閱績效監督。

方法 (Mechanisms)

1. 會議：利用狀況審查會議交換和分析關係人應對互動的所有訊息。
2. 專案管理資訊系統：使用專案管理資訊系統來蒐集、儲存和傳遞有關專案成本、進度、品質和範圍績效的資訊給關係人。

假設與限制 (Constraints)

輸出 (Outputs)

1. 專案計畫變更：如果採用新的關係人管理策略和方法，那麼專案計畫就必須更新。
2. 變更要求：與關係人互動的過程通常會產生變更要求。
3. 糾正措施：分析問題發生的根本原因，糾正措施的合理性，以及其他有關關係人管理的經驗和教訓。

Chapter 15

結束專案 (Closing a project)

結束專案包括對外和包商及供應商的合約結束，和客戶的專案結束，以及對內專案團隊的行政結束。合約結束有標準的程序可以遵循，行政結束是指專案團隊的資料蒐集，開會檢討和經驗教訓留存。行政結束又分爲期中行政結束和期末行政結束，期中行政結束是階段性的，期末行政結束是總結性的。由以上的說明可以知道，結束專案階段並不只是專案的最後總結，還包括各階段的小結。一般建議期末行政結束愈快執行愈好，不要超過一個星期，否則人員歸建或重新分派，甚至因爲事過境遷已經忘記，造成經驗教訓的流失。最後，和客戶的專案結束是結束專案的最主要目的，專案經理可以按照幾個步驟進行：(1) 再審視一次進度表，看是否有任何遺漏的項目沒有執行，(2) 檢查專案日誌和筆記本，看有沒有任何範圍內或範圍外的工作被暫時延後，(3) 通知專案成員專案已經順利完成，感謝成員的幫忙，(4) 通知客戶專案已經順利完成，探詢後續維護合約的可能性，(5) 以開會或問卷方式，取得專案成員對專案過程的經驗教訓建議，(6) 取得客戶對專案過程的批評和建議，(7) 依照公司規定完成會計程序，(8) 和成員慶祝專案的成功。圖 15.1 爲結束專案的流程，圖 15.2 爲結束專案的步驟。

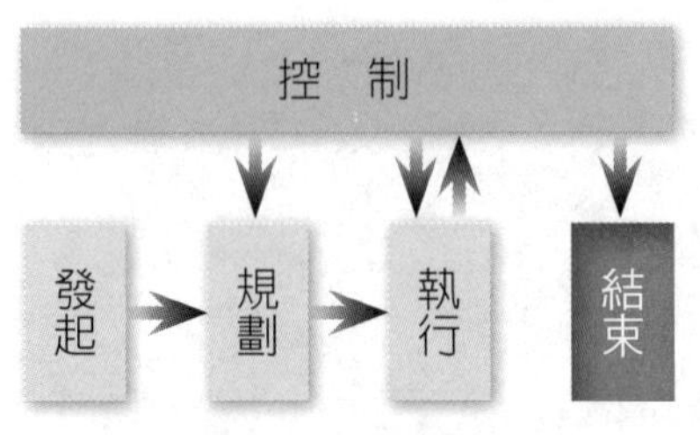

圖 15.1 結束專案的流程

15.1 合約結束 (Contract closure)

合約結束是當廠商依據合約的內容，完成所有可交付成果，並且經過驗收通過之後，所進行的合約收尾的動作，包括蒐集所有合約相關文件、評估可交付成果和績效報告、沒有問題就簽收通過。然後專案團隊進行合約的稽核，包括從工作說明、招標、標單評估、廠商選擇、到專案過程的合約管理以及合約結束等。檢討有哪些地方做得不錯，可以作爲後續專案的沿用參考，有哪些地方做得不好，後續專案應該警惕避免重蹈覆轍。最後所有資料彙整成爲該合約的專屬檔案，以作爲未來團隊的參考，並作爲任何可能的訴訟證據。最後，專案經理應該負責寄發合約結束通知 (notification of completion) 給所有的廠商，作爲該合約結束的正式依據。圖 15.3 爲合約結束的方法。

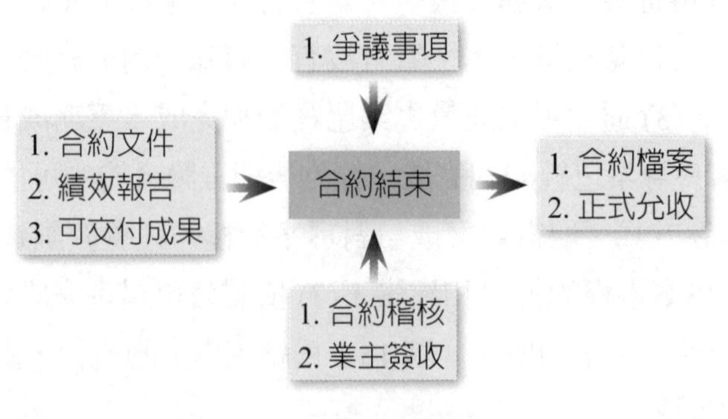

圖 15.3 合約結束的方法

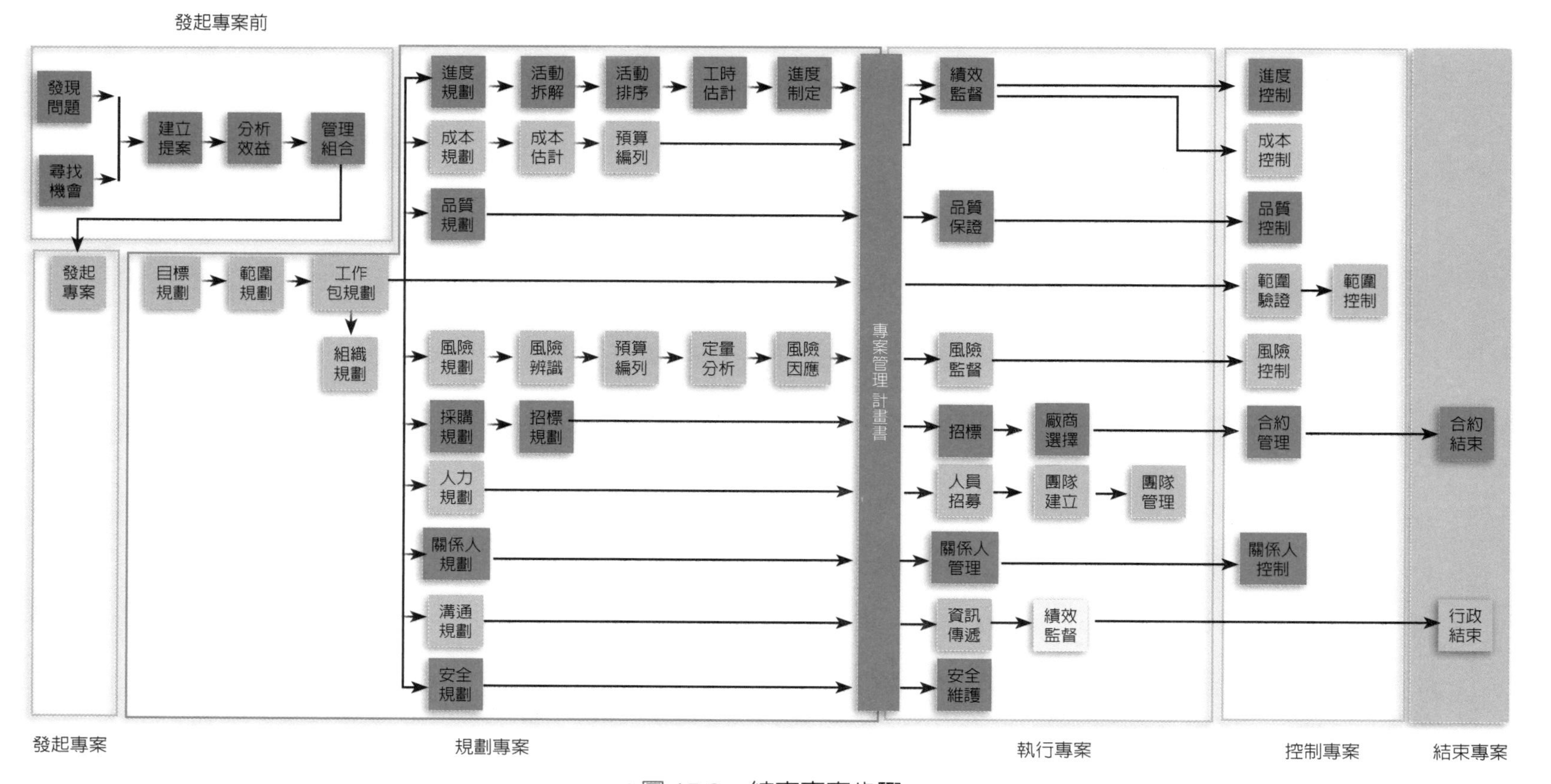

發起專案前
發現問題
尋找機會
建立提案
分析效益
管理組合
發起專案
目標規劃
範圍規劃
工作包規劃
組織規劃
進度規劃
活動拆解
活動排序
工時估計
進度制定
成本規劃
成本估計
預算編列
品質規劃
風險規劃
風險辨識
預算編列
定量分析
風險因應
採購規劃
招標規劃
人力規劃
關係人規劃
溝通規劃
安全規劃
專案管理計畫書
績效監督
品質保證
風險監督
招標
廠商選擇
人員招募
團隊建立
團隊管理
關係人管理
資訊傳遞
績效監督
安全維護
進度控制
成本控制
品質控制
範圍驗證
範圍控制
風險控制
合約管理
關係人控制
合約結束
行政結束
發起專案
規劃專案
執行專案
控制專案
結束專案

圖 15.2　結束專案步驟

輸入 (Inputs)

1. 合約文件：和合約有關的所有文件，包括報價、驗收、付款、變更，甚至完工照片等。
2. 績效報告：廠商完成合約內容的進度、成本、品質和範圍績效報告。
3. 可交付成果：廠商完成合約內容的最終可交付成果。

方法 (Mechanisms)

1. 合約稽核：稽核合約的招標、執行過程的變更、請款、付款和允收等是否合乎企業規定。
2. 業主簽收：業主驗收通過廠商的可交付成果和績效報告，最後簽字正式允收，並付出尾款給廠商。

假設與限制 (Constraints)

1. 爭議事項：如果有任何未決的爭議事項，合約就還沒有結束。

輸出 (Outputs)

1. 合約檔案：蒐集所有和合約有關的文件，集結成冊做成檔案，留存以作爲後續專案團隊的參考。
2. 正式允收：廠商完成的合約內容驗收通過，正式允收。

15.2 行政結束 (Administration closure)

行政結束分爲期中行政結束和期末行政結束，期中行政結束是指在專案過程，通常是每個星期一次，專案團隊蒐集過去一週的專案資料、進行開會檢討、經驗教訓的留存。期末行政結束則是專案結束之後，專案團隊在最短的期間內，所做的資料彙整、總結會議、專案若干成功經驗和若干失敗教訓的留存等。如果期中行政結束做得非常確實，那麼期末行政結束就會相對輕鬆，因爲所有資料都在，包括經驗教訓，只要彙整、檢討、總結即可。相反的，如果期中行政結束做得不夠落實，那麼有些資料就會散失不見，部分成員也已經完成工作離開專案，專案結束時不是已經忘記，就是無法參加總結會議，因此期末行政結束就會變得形式而沒有多大意義。行政結束是組織累積專案管理實務知識的最佳時機，落實執行一段時間之後，就可以萃取出自己所處產業的最佳實務 (best practice)，也就是成爲產業中執行專案最好的企業，例如：產品研發速度最快。圖 15.4 爲行政結束的方法。

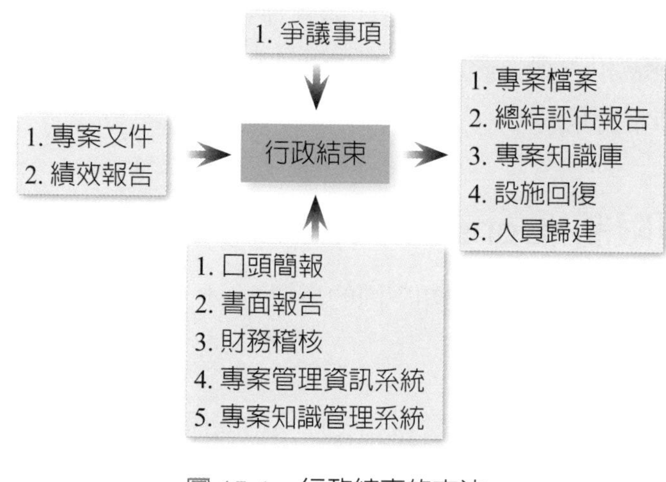

圖 15.4　行政結束的方法

輸入 (Inputs)

1. 專案文件：所有專案的文件。
2. 績效報告：專案的最終績效報告。

方法 (Mechanisms)

1. 口頭簡報：專案團隊對主要關係人，進行口頭的專案總結報告。
2. 書面報告：所有專案的文件資料彙整成完整的書面報告。
3. 財務稽核：稽核專案的財務，包括花費、支出、採購、招標費用等的程序合理性和記錄正確性，找出可以改進的地方，以作爲未來財務控制的參考。財務稽核應該在每個績效階段就進行，以盡量早發現問題糾正問題，包括基準預算、實際花費、成本差異、解釋說明等。
4. 專案管理資訊系統：專案管理資訊系統可以協助專案團隊進行行政結束的資料溝通和傳遞。
5. 專案知識管理系統：專案知識管理系統可以系統化的保存專案的經驗和教訓，形成完整的專案管理知識庫，對最佳實務的累積非常有幫助。

假設與限制 (Constraints)

1. 爭議事項：和廠商認知不同的事項。

輸出 (Outputs)

1. 專案檔案：專案所有資料和文件集結成冊的檔案，包括授權書、計畫書、合約文件、會議記錄、績效報告、品質記錄、技術文件等。
2. 總結評估報告：專案最終的總結評估報告，內容包括專案的成功和失敗之處、關係人滿意度，以及評估專案管理過程的組織架構、人員技能、進度管理、成本管理、品質管理、風險管理、客戶需求管理、經驗教訓等等。
3. 專案知識庫：彙整專案每個階段績效報告的經驗教訓，做成專案整體的知識庫，以作爲後續團隊的參考，好的作法繼續沿用，差的部分引以爲戒，如此反覆累積萃取，最後會形成該產業的最佳實務，變成企業的無形智慧資產，爲企業創造競爭優勢。專案知識的內容，例如：

(1) 從專案第一天就和關係人互動。

(2) 問題發生時，組織一個因應小組。

(3) 一定要召開啓動會議，邀請所有關係人參加。

(4) 專案一開始就定義清楚工作範圍，並請所有關係人簽署。

(5) 記錄所有事情。

(6) 當關係人要求變更時，給他們看變更對專案進度和成本的影響。

(7) 新的需求造成專案範圍增加時，請所有人簽名同意。

4. 設施回復：專案借用或搭建的臨時建築物和辦公室，要回復原狀並歸還給借用單位。
5. 人員歸建：透過授權書從其他部門借調過來的人員，歸建到原屬單位，由外面招聘進來的人員，重新安排到其他專案。

Date ______/______/______

Chapter 16

專案管理成熟度 (PM maturity)

專案管理成熟度 (PMM－Project Management Maturity) 是用來衡量組織管理專案的能力，實務上已經發現專案的成熟度愈高，專案的績效愈好，而且達成目標的成本愈低。更具體來說，專案的成熟度愈高，達成目標的機率也愈高，如圖 16.1 所示。由圖中可以看出，第一級的成熟度只有 50% 的達成機率，也就是成敗各半，因此成功純粹是靠運氣。第二級的成熟度達成率可以提高到 60%，所以成功的可能性已經大於失敗的可能性。第三級的成熟度達成率又提高到 70%，成功的機會已經遠大於失敗的機會。如果組織的成熟度提升到第四級，達成率可以提高到 80%，也就是五個案子當中，有四個會成功。如果成熟度再度提升到最高的第五級，那麼組織的專案達成率可以提高到 100%，也就是在這個狀態下的組織，可以 100% 達成每個專案的預定目標。

專案的執行績效受到三個主要因素的影響，即成員、管理流程和 IT 技術。專案成熟度就是要檢視組織在這三方面綜合運作的效果。其主要目的是提供組織一個改善專案管理能力的架構，也就是說，即使成員的經驗豐富，資格能力都非常好，如果組織沒有運作順暢的專案流程，成員也很難有施展的機會和空間；組織有了管理流程之後，

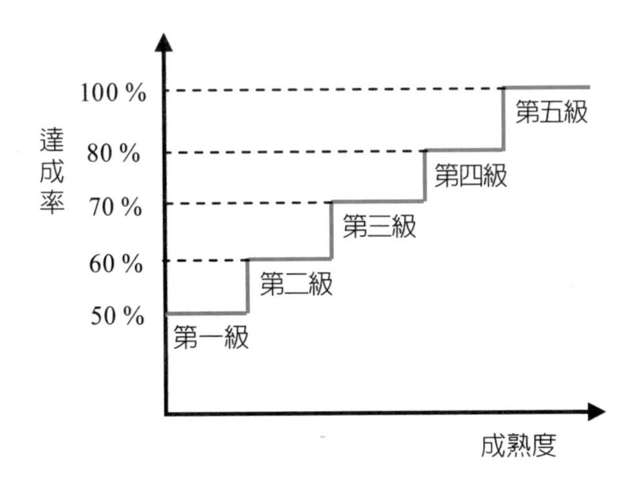

圖 16.1　管理成熟度與專案達成率

如果沒有適當設計的專案管理資訊系統，專案管理的效率還是不容易有突破性的提升。圖 16.2 爲五級的專案管理成熟度模式。

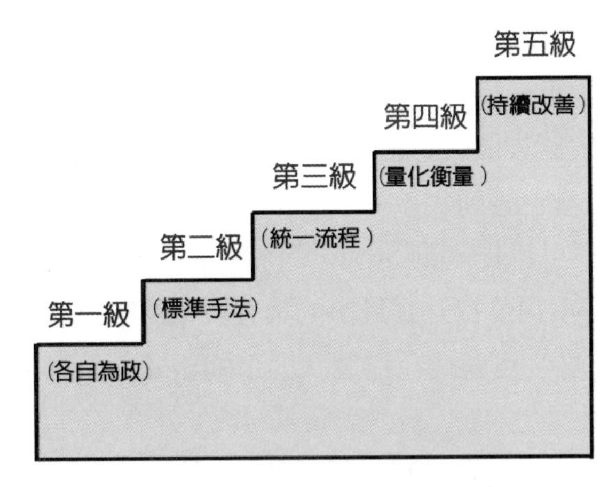

圖 16.2　專案管理成熟度模式

各自為政 (Individualized process)	沒有正式的專案管理流程，主要特徵有： 1. 很多不完整及非正式的管理方法，而且每個專案管理都不一樣。 2. 高度依賴專案經理的能力。 3. 專案管理的結果無法預測。 4. 組織很少提供支持。 5. 經驗教訓沒有留存。
標準手法 (Localized process)	開始使用專案管理的手法，但是只限於各個部門的內部，主要特徵有： 1. 部門主管提供支持。 2. 流程可以在部門內重複應用。 3. 專案管理結果稍可預測。 4. 使用通用的專案管理工具。
統一流程 (Organizational process)	組織各部門使用相同的專案管理流程，主要特徵有： 1. 高層主管支持專案管理。 2. 組織可以有效的規劃、管理、整合和控制專案管理。 3. 保留並使用舊案資料。 4. 有提供專案經理和成員的訓練。 5. 使用一致的專案管理工具。
量化衡量 (Process performance measurement)	組織以量化的方式衡量專案管理流程的績效，主要特徵有： 1. 定義專案管理流程的關鍵績效指標。 2. 使用量化的工具來探討流程的績效。
持續改善 (Continuous process improvement)	建立制度化的專案管理流程改善機制，主要特徵有： 1. 高度鼓勵專案管理方法的改善。 2. 彈性的專案管理組織。 3. 提供專案經理生涯規劃。 4. 將專案管理訓練視為員工能力發展的一環。

Date ____/____/____

專案管理專有名詞

Activity (活動)
專案過程必須執行的工作，有期望工期、成本和資源需求。

Activity on Arrow (AOA) (箭頭式網路圖)
呈現活動順序的網路圖，箭頭代表活動，節點代表活動的開始和結束。

Activity on Node (AON) (節點式網路圖)
呈現活動順序的網路圖，節點代表活動，箭頭代表順序關係。

Administrative Closure (行政結束)
產生、蒐集和分發專案資訊，以正式結束某一階段或整個專案的過程。

Analogous Cost Estimating (類比成本估計法)
比較現有專案和已經知道成本的歷史舊案，以粗略估計目前專案所需成本的方法。

As-of Date (目前時間)
專案資訊所代表的當時呈現時間。

Assumptions (假設)
專案規劃過程被認爲是確定、眞實和肯定的事情。

Backward Pass (後推計算)
網路圖上計算活動最晚開始時間和最晚結束時間的過程。

Bar Chart (條狀圖)
以長條代表時間長短，呈現活動順序的圖形，也稱爲甘特圖。

Baseline (基準)
正式核准的專案進度和專案成本，用來和實際專案進度和成本做比對，以確定專案是否如期和如預算。

Benchmarking（標竿學習）
學習相同領域中，做得特別成功的專案，包括了解他們做了什麼，以及如何做。

Best Practices（最佳實務）
由實際經驗中所獲得的可以產生最好結果的技術、流程和方法。

Bidder（投標人）
寄出標單回應投標邀請 (Request for Proposal or Quotation) 的組織或個人。

Bidders Conference（投標人說明會）
投標單位所舉辦的用以協助投標人了解投標內容的會議。

Bidders List（投標人清單）
投標單位所製作的潛在包商清單，以取得投標、報價或建議書。

Bottom Up Cost Estimate（由下往上估計法）
估計每一工作包的詳細成本，包括人工成本和材料成本，再依工作分解結構往上疊加的估計方法。

Budget at Completion (BAC)（完工總預算）
所有依照時間所編列的預算的總和。

Business Case（專案緣由）
說明專案爲何值得推動，以及專案產品是什麼的文件。

Cash Flow（現金流量）
依照時間呈現的收入和支出記錄或圖形。

Change Control Board (CCB)（變更管制委員會）
依據專案基準審查所有專案變更要求的正式委員會。

Change Request（變更要求）
一個有關專案基準，包括範圍、需求、進度、預算或文件的正式書面變更要求。

Checklist (查檢表)
一個可以協助檢查各種項目的清單。

Conflict Management (衝突管理)
專案經理利用管理技巧以處理各種意見分歧，包括技術和人員以順利完成專案的過程。

Conflict Resolution (衝突解決)
五種解決衝突的方法，包括面對問題 (confrontation)，各退一步 (compromise)，異中求同 (smoothing)，強迫接受 (forcing) 和逃避問題 (withdrawal)。

Constraint (限制)
任何會影響活動排程的因素。

Contingency Reserve (緊急儲備)
專案發起人或專案經理所擁有的備用金，以應付執行備用方案時的資金需要。

Contract (合約)
約束雙方可以要求賣方提供產品，以及買方付款的正式文件。

Contract Types (合約型式)
可以取得產品或服務的各種合約方式。

Contractor (包商)
有義務執行合約的個人或組織。

Control Account Point (CAP) (管制帳戶)
衡量掙值績效的管理控制單元。

Control Chart (管制圖)
依照時間所畫出的製程變動圖，用以發現製程是否失控需要調整。

Corrective Action (糾正措施)
將較差的實際績效調整到計畫績效的過程。

Cost Benefit Analysis (成本效益分析)
分析方案的潛在成本和利益，以選擇最佳的投資專案。

Cost Breakdown Structure (CBS) (成本分解結構)
依照 WBS 將總成本往下拆解為細項成本的階層式架構。

Cost Budgeting (預算編列)
建立預算、標準及衡量、管理和監督預算的過程。

Cost Control (成本控制)
蒐集、分析、彙報和管理專案成本的持續性過程。

Cost Estimating (成本估計)
整合和預測專案成本的過程。

Cost Performance Index (CPI) (成本績效指標)
掙值和實際值的比值。

Cost Plus Contract (成本加利潤合約)
包商取回所花費的成本再加上一個總數或百分比的利潤。

Cost Plus Fixed Fee Contract (CPFF) (成本加固定利潤合約)
包商取回所花費的成本再加上一個固定利潤。

Cost Plus Incentive Fee Contract (CPIF) (成本加獎勵金合約)
包商取回所花費的成本再加上一個獎勵優良績效的獎金。

Cost Plus Percentage of Cost Contract (CPPC) (成本加成本百分比合約)
包商取回所花費的成本再加上一個依照成本百分比所給的利潤。

Cost Reimbursable Contract (實價合約)
包商可以依照合約的預算上限，取回所花費的成本，如果超過，必須經過核准。

Cost Variance (CV) (成本差異)

專案掙值和實際值的差。

Crashing (工時壓縮)

分析各種可行方案，以最少的成本取得最大可能的專案工期縮短。

Critical Path Method (CPM) (要徑法)

一種網路分析的方法，用以計算哪條路徑有最少的排程彈性。

Decision Tree (決策樹)

一種決策過程的表達方式，由決策點開始到機會點的不同分支代表不同的決策，機會點之後代表不同的機率事件，由計算期望值可以找出最佳決策。

Deliverable (可交付成果)

任何達成專案目標必須產出的可以衡量和驗證的實體物件。

Delphi Technique (德菲法)

問卷諮詢專家以取得共識的方法。

Depreciation (折舊)

將實體資產的成本減去殘值後，再分攤到資產生命週期的方法。

Design of Experiment (實驗設計)

找出最佳參數組合以極大化目標的實驗規劃方法。

Direct Costs (直接成本)

和專案工作直接相關的成本，包括人工、材料及其他直接費用。

Dummy Activity (虛活動)

在箭頭式網路圖中用來表示順序關係且工期為 0 的活動。

Earned Value Analysis (掙值分析)

比較計畫值、掙值和實際值以分析專案績效的方法。

Estimate at Completion (EAC) (預估完工總成本)
完成專案所需花費的預估總成本。

Estimate to Complete (ETC) (未完工成本)
完成專案尚未完成部分所需花費的成本。

Fast Track (作業重疊)
重疊執行原本必須有先後順序關係的活動。

Feasibility Study (可行性分析)
分析技術和成本以決定專案的經濟效益是否實際可行的過程。

Firm Fixed Price Contract (FFP) (總價合約)
包商必須以一個固定總價完成工作的合約方式。

Fixed Cost (固定成本)
不隨工作時間長短或工作數量變動而改變的成本，例如：材料費用。

Fixed Price Contracts (固定成本合約)
包商必須以一個固定的價格完成合約，並承擔成本增加的風險。

Fixed Price Plus Incentive Fee Contract (FPPIF) (固定成本加獎勵合約)
包商以一個固定總價完成合約，再加上一個獎勵優良績效的獎金。

Float (浮時)
活動可以延誤而不會耽擱專案完成期限的寬裕時間。

Forming (組成團隊)
團隊建立的第一階段，主要工作在成員認識和建立團隊公約。

Forward Pass (前推計算)
在網路圖上計算活動的最早開始和最早結束時間的過程。

Free Float (FF) (自由浮時)
前面活動最早結束，活動可以延誤而不會耽擱後續活動最早開始的寬裕時間。

Gantt Chart (甘特圖)

請參閱條狀圖。

Histogram (直方圖)

可以呈現專案隨著時間變化的資源分配狀況的垂直條狀圖。

Independent Float (獨立浮時)

前面活動最晚結束，可以延誤而不會耽擱後續活動最早開始的寬裕時間。

Indirect Cost (間接成本)

無法明確分配給任何合約、專案、產品或服務的資源使用成本。

Initiation (發起)

準備和整合資源以啓動工作的過程，可以是發起一個大型專案、專案、階段或是活動。

Internal Rate of Return (IRR)(內部報酬率法)

淨現值爲 0 時的利率。

Invitation to Bid (投標邀請)

發給潛在供應商以取得他們對產品或服務的投標、報價或建議書的邀請。

Invoice (發票)

包商對所完成產品或服務的帳單或付款要求。

Issues Management (議題管理)

管理尚未解決的議題，可能是爭議、不確定性、訊息不完整或是缺乏共識。

Just-In-Time (及時管理)

由實際需求驅動的拉式生產系統，可以減少庫存數量和成本。

Kick Off Meeting (發起會議)

一種研討會形式的會議，主要關係人和參與者聽取有關專案目的和專案目標的說明，以便可以提供專案規劃、人員指派和完成期限的意見。

Lag (滯後)
後面活動必須延後開始的邏輯關係，例如：FS 關係的滯後 5 天，是指前面活動完成後 5 天，後面活動才可以開始。

Lead (提前)
後面活動可以提早開始的邏輯關係，例如：FS 關係的提前 5 天，是指前面活動還沒有結束，後面活動可以提早 5 天開始。

Lessons Learned (經驗教訓)
爲了改進未來專案的績效，書面記錄做得好的以及做得不好的地方，以作爲後續專案的參考。

Life Cycle Costing (生命週期成本)
選擇方案時考慮到所有可能的成本，包括概念、執行和拆除成本等。

Make-or-Buy (自製外購決策)
思考由內部自己製造或是由外部購買進來的決策過程。

Management by Projects (專案式管理)
將企業的日常管理視爲專案，然後以專案的手法進行管理。

Management Reserve (管理儲備)
由高層管理者掌控的預算，用以應付專案範圍內尚未確認或沒有預料到的工作。

Master Schedule (主排程)
呈現主要活動和里程碑的彙總式進度。

Matrix Organization (矩陣式組織)
傳統組織以部門形式進行管理，專案穿越橫跨部門而形成矩陣，成員有部門經理和專案經理兩個上司。

Memorandum of Agreement (MOA) (合約備忘錄)
說明背景、假設和同意事項的文件，通常在買賣雙方合約談判結束後簽訂。

Memorandum of Understanding (MOU) (合作備忘錄)
說明兩個不同單位同意合作的文件。

Milestone (里程碑)
專案中的重要事件，例如：某階段或可交付成果的完成。

Mitigation (風險降低)
採取行動以減少風險發生的機率或產生的影響。

Monte Carlo Simulation (蒙地卡羅模擬)
大量次數的模擬複雜過程，以了解可能結果的一種專案管理技術。

Net Present Value (淨現值)
將所有未來的現金流量，透過利率折現爲現在的價值，稱爲淨現值。

Network Diagram (網路圖)
呈現專案邏輯順序的圖形表示方法，有箭頭式和節點式兩種。

Norming (規範期)
團隊建立的第三階段，衝突已經處理妥當，團隊意識開始展現。

Order of Magnitude Estimate (級數估計)
沒有詳細資料下的粗略估計。

Organizational Breakdown Structure (OBS) (組織分解結構)
與工作分解結構 WBS 一對一的人員職掌管制圖。

Overhead (管銷費用)
有關管理、監督、利息以及其他不能直接歸爲專案規劃和執行的費用。

Parametric Cost Estimating (參數估計法)
分析歷史資料和專案變數 (例如：性能、輸出、負荷等) 之間統計關係的估計方法。

Pareto Diagram (柏拉圖)
呈現大部分問題來自少數原因的圖形。

Percent Complete (PC) (完成百分比)
活動或工作包已完工部分的比值。

Performing (績效期)
團隊建立的第四階段，重心已經轉到工作的執行，績效開始展現。

Planning Package (規劃包)
尚未拆解成爲工作包，無法排序和編列預算的工作。

Portfolio Management (組合管理)
管理一組不同的專案和大型專案以極大化企業整體效益的過程。

Pre-Bid Conference (投標前會議)
在發出投標邀請之前，對潛在包商解釋複雜規格和需求的會議。

Problem Resolution (問題解決)
專案經理和團隊成員解決技術或人員問題的過程。

Process Control (流程管制)
將流程控制在期望的水準。

Program (大型專案管理)
管理一群彼此相關的專案。

Program Evaluation and Review Technique (PERT) (計畫評核術)
專案活動具有高度不確定性時的一種網路排程技術。

Project (專案)
爲了產出一個特定產品或服務的短暫性工作。

Project Charter (專案授權書)
由高層主管發給專案經理，以授權他借調組織資源的一個文件。

Project Context (專案環境)
執行專案所處的組織背景或環境。

Project Management Information System (PMIS) (專案管理資訊系統)
可以蒐集、記錄、過濾和分發訊息的系統。

Project Management Office (PMO) (專案管理辦公室)
被分發到專案以支援專案經理的全職技術、商業或管理人員所在的辦公室。

Project Management Plan (專案管理計畫)
由專案經理負責統籌制定，說明專案如何規劃、執行和監督的文件。

Project Sponsor (專案發起人)
高層管理和專案的一個窗口，負責監督和支援專案。

Project Stakeholder (專案關係人)
利益會受到專案成敗影響的所有個人和團體。

Projectized Organization (專案型組織)
專案經理可以完全掌控資源和指揮成員的組織型式。

Qualitative Risk Analysis (定性風險分析)
非量化的主觀風險評估方法。

Quality (品質)
產品或服務特性符合或滿足需求的程度。

Quality Audit (品質稽核)
一種驗證品質活動或相關結果是否符合規定，以及這些規定能否達成預期目標的系統化獨立檢驗作業。

Quality Criteria (品質項目)
衡量產品是否滿足需求的特性項目。

Quality Function Deployment (QFD) (品質機能展開)
一種系統化的將客戶需求轉變成產品或服務規格的方法。

Quality Standards (品質標準)
實體產品的衡量規格。

Quantitative Risk Analysis (定量風險分析)
數量化的評估專案風險。

Random Sample (隨機樣本)
從母體中以機率相同的方式任意抽出的樣本。

Request for Proposal (建議書邀請)
邀請潛在包商提出對專案的執行建議，包括方法和費用估計。

Request for Quotation (RFQ) (報價邀請)
邀請潛在包商提出對專案的執行價格。

Requirements Breakdown Structure (RBS)(需求分解結構)
從上層需求展開到下層詳細規格的層級需求分解圖。

Requirements Traceability Matrix (需求追蹤矩陣)
上下層需求的對應矩陣表。

Reserve (儲備)
為了降低成本風險和進度風險的預備金。

Resource Breakdown Structure (RBS) (資源分解結構)
專案所需資源從上到下的層級展開圖。

Resource Calendar (資源日曆)
說明特定資源何時可用和不可用的行事歷。

Resource Leveling (資源拉平)
在資源有限下，挪動活動的執行期間以便降低高資源需求和低資源需求之間差異的排程方法。

Resource Pool (資源庫)
可以執行相同工作的一群人或一些設備。

Response Planning (風險因應規劃)
制定風險管理策略的過程。

Responsibility Assignment Matrix (RAM)(責任指派矩陣)
工作分解結構和組織分解結構的一對一矩陣圖。

Rework (重工)
缺失產品或工作的糾正過程。

Risk Analysis (風險分析)
評估專案風險的發生機率和影響。

Risk Avoidance (風險逃避)
採用不同的方案以避開專案的風險。

Risk Contingency Plan (風險緊急計畫)
如果特定風險發生，爲了確保專案可以成功的其他可行計畫。

Risk Event (風險事件)
會影響專案成敗的可能風險說明。

Risk Mitigation (風險降低)
爲了降低專案的不確定性，修正專案範圍、預算、進度或品質的作爲。

Risk Register (風險紀錄)
保留確認出來的風險和風險管理過程的檔案。

Risk Transfer (風險轉移)
利用合約或保險的方式，轉移風險發生的後果到對方或第三方。

Rolling Wave Planning (滾浪式規劃)
時間比較接近的專案工作規劃得比較詳細，時間比較遠的專案工作規劃得比較粗略，等時間接近、訊息增加之後，再將原來粗略的計畫規劃詳細。

S Curve (S 曲線)
專案預算隨著時間的累積圖形。

Sampling (抽樣)
從母體中隨機抽取樣本以了解母體特性的方法。

Schedule Compression (進度壓縮)
在沒有改變專案範圍之下，縮短專案的時程。

Schedule Performance Index (SPI) (進度績效指標)
專案實際值和計畫值的比值。

Schedule Variance (進度差異)
專案掙值和計畫值的差。

Scope (範圍)
專案所有工作內容的總合。

Scope Baseline (範圍基準)
專案的工作內容和可交付成果。

Scope Creep (範圍潛變)
因爲需求改變導致專案範圍隨著時間逐漸增加的現象。

Sensitivity Analysis (敏感度分析)
分析變數改變對整體系統影響程度的方法。

Should-Cost Estimates (最少成本估計)
估計專案的最少花費，以驗證潛在包商的報價合理性。

Solicitation (招標)
獲得報價、投標或建議書的過程。

Specification (規格)
說明產品內容或服務要求的書面或圖形說明。

Staff Acquisition (人員招募)
從內部或外部取得合格專案成員的過程。

Statement of Work（工作說明）
描述和合約有關的產品或服務說明。

Status Report（狀態報表）
定期提供給專案團隊和負責人的書面文件，內容說明活動、工作包或整個專案的狀況。

Steering Committee（推動委員會）
代表專案所有人或客戶的正式組織。

Storming（混亂期）
團隊建立的第二階段，因爲成員企圖影響專案或採用自己的方法或經驗，因此呈現混亂現象。

Subproject（子專案）
隸屬專案而可以產出特定可交付成果的一群工作。

Sum-of-the-Years Digits（年數相加法）
資產生命週期年數相加當分母，剩餘折舊期限當分子的一種折舊計算方法。

Sunk Costs（沉沒成本）
過去已經花用的成本。

Supplier（供應商）
任何製造產品或提供服務的廠商。

SWOT Analysis（SWOT 分析）
分析企業優勢、劣勢、機會、威脅的方法。

System Analysis（系統分析）
將客戶需求發展成爲系統需求、系統概念和系統規格的方法。

Team Building（團隊建立）
將一群成員轉變成爲一個團隊，爲達成共同目標而努力的過程。

Technical Feasibility (技術可行性)
分析專案所需技術的效率、效能和效益。

Time and Material Contract (T&M) (時間及材料合約)
以時間和材料單價爲主的合約型式，單價乘上所花的總時間和總材料，兩者相加即爲完工總價。

To Complete Performance Index (TCPI) (完工績效指標)
爲了達成預定的成本和進度目標，未完成工作必須展現的績效。

Top Down Cost Estimating (由上往下估計法)
參考過去類似專案的資料，加上經驗和判斷，估計目前專案總成本或總時程，然後往下分配到所有 WBS 項目的估計方法。

Total Float (TF) (總浮時)
活動可以延誤而不會耽誤專案完成期限的寬裕時間。

Total Quality Management (TQM) (全面品質管理)
一種以客戶滿意度引導企業成員作爲的策略性整合管理系統。

Trend Analyses (趨勢分析)
根據專案過去的歷史資料，分析如何隨著時間變化的方法。

Unit Price Contract (UP) (單價合約)
以單價爲主的合約型式，單價乘上完成的總工作量即爲完工總價。

Value Analysis (價值分析)
分析如何以較低成本達成同樣效能的方法。

Variable Cost (變動成本)
隨著產品或服務數量增加而增加的成本。

Variance (差異)
專案實際績效和計畫績效之間的差異。

Variance at Completion (VAC) (完工差異)

完工預算和完工成本之間的差異。

Vendor (供應商)

目錄中提供材料或服務，可以用訂單採購的廠商。

Work Authorization (工作授權)

規定特定工作何時開始的管理方法。

Work Breakdown Structure (WBS) (工作分解結構)

將專案範圍由上往下拆解出來的樹狀結構圖形。

Work Breakdown Structure Dictionary (工作分解結構辭典)

說明工作分解結構中，每個項目的工作內容、編號及其他相關資料的文件。

Work Package (工作包)

工作分解結構最底層的項目，往下可以再拆解成活動。

Workaround (補救計畫)

處理新風險的應變計畫。

Date ______/______/______

參考文獻

1.《一般專案管理知識體系》，五南圖書出版公司，2016 年第二版。
2.《國際專案管理知識體系》，臺灣專案管理學會，2005 年初版。
3. 中華大學科技管理博士論文，賴月圓，2018。

美國專案管理學會
AMERICAN PROJECT MANAGEMENT ASSOCIATION

APMA (美國專案管理學會) 提供六種領域的專案經理證照：(1) 一般專案經理證照、(2) 研發專案經理證照、(3) 行銷專案經理證照、(4) 營建專案經理證照、(5) 複雜專案經理證照、(6) 大型專案經理證照。APMA 是全球唯一提供這些證照的學會，而且一旦您通過認證，您的證照將終生有效，不需要再定期重新認證。證照認證方式為筆試，各領域的試題皆為 160 題單選題，時間為 3 小時。

哪一種證照適合您？

您可以選擇和您背景、經驗及生涯規劃最接近的證照，請參考以下的說明，選出最適合您的領域進行認證。沒有哪一個證照必須先行通過，才能申請其他證照的認證，不過先取得一般專案經理證照，有助於其他證照的認證。

❶ 一般專案經理 (Certified General Project Manager, GPM) 適合管理或希望管理一般專案以達成組織目標，或希望以專案管理為專業生涯發展的人。

❷ 研發專案經理 (Certified R&D Project Manager, RPM) 適合管理或希望管理各種產品和服務的開發以達成組織目標的人。

❸ 行銷專案經理 (Certified Marketing Project Manager, MPM) 適合管理或希望管理產品和服務的行銷以達成組織目標的人。

❹ 營建專案經理 (Certified Construction Project Manager, CPM) 適合管理或希望管理營建工程專案以達成組織目標的人。

❺ 複雜專案經理 (Certified Complex Project Manager, XPM) 適合管理或希望管理複雜專案以達成組織目標的人。

❻ 大型專案經理 (Certified Program Manager PRM)) 適合管理或希望管理大型專案以達成組織目標的人。

國家圖書館出版品預行編目資料

專案管理：一般專案管理知識體系／魏秋建著. -- 三版. -- 臺北市：五南圖書出版股份有限公司, 2018.09
面； 公分
ISBN 978-957-11-9941-2（平裝）

1.專案管理

494　　107015512

1FS7

專案管理：一般專案管理知識體系

作　　者— 魏秋建
發 行 人— 楊榮川
總 經 理— 楊士清
總 編 輯— 楊秀麗
副總編輯— 侯家嵐
責任編輯— 李貞錚
文字校對— 許宸瑞
封面設計— 盧盈良
出 版 者— 五南圖書出版股份有限公司
地　　址：106台北市大安區和平東路二段339號4樓
電　　話：(02)2705-5066　傳　　真：(02)2706-6100
網　　址：https://www.wunan.com.tw
電子郵件：wunan@wunan.com.tw
劃撥帳號：01068953
戶　　名：五南圖書出版股份有限公司

法律顧問　林勝安律師

出版日期　2013年6月初版一刷（共二刷）
　　　　　2016年8月二版一刷（共二刷）
　　　　　2018年9月三版一刷
　　　　　2024年3月三版五刷
定　　價　新臺幣380元